高等职业教育建筑设计类专业教材
GAODENG ZHIYE JIAOYU JIANZHU SHEJI LEI ZHUANYE JIAOCAI

ARCHITECTURAL
DESIGN

JIANZHU
CAD

建筑CAD
（少学时）

主　编/袁雪峰

副主编/时瑞国　马晓霞　李燕燕

主　审/李效梅

重庆大学出版社

内容提要

本书是作者在总结多年的教学和设计绘图经验的基础上编写而成，重点介绍了用 AutoCAD 软件绘制建筑图的方法、技巧和步骤。全书以建筑图形任务为载体，在完成绘图任务的过程中学习软件命令的使用方法。本书首先通过由简单到复杂的 6 个任务学习基本命令；其次以一个办公楼实例贯穿绘制建筑平面图、立面图、剖面图和详图的各任务，进一步巩固和拓展 CAD 命令；最后讲解图形的打印输出。

全书在典型任务的引领下，先进行绘图分析，再讲解绘图步骤和方法，思路清晰，任务明确，注重绘图过程的操作，并配有绘图任务的微课视频。

本书既适合作为建筑类相关专业的教学用书，也适合作为初学者的自学用书。

图书在版编目（CIP）数据

建筑 CAD：少学时／袁雪峰主编. -- 重庆：重庆
大学出版社，2023.4
高等职业教育建筑设计类专业教材
ISBN 978-7-5689-3822-8

Ⅰ.①建… Ⅱ.①袁… Ⅲ.①建筑设计—计算机辅助
设计—AutoCAD 软件—高等职业教育—教材 Ⅳ.
①TU201.4

中国国家版本馆 CIP 数据核字（2023）第 059534 号

高等职业教育建筑设计类专业教材
建筑 CAD（少学时）

主　编　袁雪峰
副主编　时瑞国　马晓霞　李燕燕
主　审　李效梅
策划编辑：范春青

责任编辑：范春青　　　版式设计：范春青
责任校对：谢　芳　　　责任印制：赵　晟

*

重庆大学出版社出版发行
出版人：饶帮华
社址：重庆市沙坪坝区大学城西路 21 号
邮编：401331
电话：（023）88617190　88617185（中小学）
传真：（023）88617186　88617166
网址：http://www.cqup.com.cn
邮箱：fxk@cqup.com.cn（营销中心）
全国新华书店经销
重庆华林天美印务有限公司印刷

*

开本：787mm×1092mm　1/16　印张：13　字数：293 千
2023 年 4 月第 1 版　　2023 年 4 月第 1 次印刷
印数：1—2 000
ISBN 978-7-5689-3822-8　定价：39.00 元

前 言

随着 CAD 技术的推广和普及，计算机辅助设计得到了广泛的应用。它提高了设计效率和绘图质量，使设计人员能够将更多的精力放在方案构思和设计质量上。AutoCAD 是当前各行业应用最广泛的 CAD 软件，使用该软件可大大提高设计和绘图的速度。

本书讲述了用 AutoCAD 软件绘制建筑图的方法、技巧和步骤。内容包括 AutoCAD 绘图基础、绘制简单图形、绘制建筑平面图、绘制立面图和剖面图、绘制建筑详图以及图形打印输出等 6 个项目。在绘制简单图形时，书中设置了由简单到复杂的 6 个任务，讲解了 AutoCAD 常用的命令；然后以一个办公楼工程项目来贯穿建筑平面图、立面图、剖面图和详图绘制的各任务，进一步巩固和拓展 CAD 命令；在图形布置与输出项目中讲解了在模型空间、图纸空间布置并输出图形的方法。并在每个任务后安排了对应的自主练习任务，以供进一步提高绘图水平。

本书以建筑图形任务为载体，在完成绘图任务过程中学习软件命令的使用方法。在典型任务的引领下，先进行绘图分析，再讲解绘图步骤和方法，思路清晰，任务明确，注重绘图过程的操作。

本书配套 PPT 课件，并以二维码形式提供了 125 个微视频，对应各任务的绘图步骤，演示绘图方法，使学习更加直观、轻松、立体化。

本书的特点是按照建筑制图规范的要求，在建筑图形绘图过程中应用三视图"长对正、宽平齐、高相等"的原理，重视作图设计而不是简单的抄绘。

本书由河北科技工程职业技术大学袁雪峰担任主编，河北科技工程职业技术大学时瑞国、马晓霞、李燕燕担任副主编，由贵阳大学李效梅担任主审。编写分工如下：袁雪峰编写了项目 1—项目 3、附录；时瑞国编写了项目 4；马晓霞编写了项目 5；李燕燕编写了项目 6。在本书编写过程中得到了同行设计人员和教师的帮助，在此表示感谢；在编写过程中参考了大量的相关书籍和资料，在此对相关作者表示感谢!

由于作者水平有限,有不妥之处敬请读者批评指正,以便在今后的工作中改进和完善。

编　者
2023 年 1 月

配套微课视频资源检索

续表

CONTENTS 目　录

项目1 AutoCAD 绘图基础

项目导学:本项目介绍了 AutoCAD 绘图的基础,包括启动方法和工作界面,AutoCAD 中鼠标和键盘的操作方法,AutoCAD 命令的输入、退出、取消、恢复以及命令交互,点的输入方法,图形的显示控制等内容。

AutoCAD 是由美国 Autodesk 公司开发的通用计算机辅助绘图与设计软件包,具有易于掌握、使用方便、体系结构开放等特点,在很多领域已代替了图板、直尺、绘图笔等传统绘图工具,深受设计人员喜爱。尤其是建筑行业,从过去的图板绘图时代到现在的计算机绘图时代,AutoCAD 极大地提高了设计质量和工作效率。

任务1.1 熟悉 AutoCAD 的工作界面

1.1.1 启动 AutoCAD

①首次打开 AutoCAD 可通过双击桌面的快捷图标,如图 1.1(a)所示。

②若在桌面找不到快捷方式,可单击计算机左下角的"开始"→"程序"→"Autodesk"→"AutoCAD 2012"。

③如果已有 AutoCAD 文件(*.dwg 文件),如图 1.1(b)所示的"A3",打开该文件可启动 AutoCAD。

(a)双击桌面的快捷图标　　　(b)打开已有文件

图 1.1　启动 AutoCAD

1.1.2 设置工作空间

首次启动 AutoCAD 之后,计算机将进入"二维草图与注释"工作空间界面,点击其右侧"▼",选择"AutoCAD 经典"[图 1.2(a)],也可以点击最下行右侧的齿轮标⚙(工作空间),点击选择 AutoCAD 经典[图 1.2(b)],切换为"AutoCAD 经典"工作空间(图 1.3)。关闭"工具选项板"和最下行的"栅格"(或按"F7"键)。

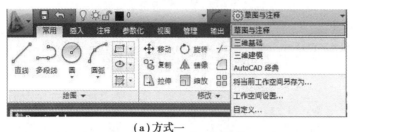

(a)方式一　　　　　　　　　　　　　　　**(b)方式二**

图1.2　将工作空间"草图与注释"切换为"AutoCAD 经典"

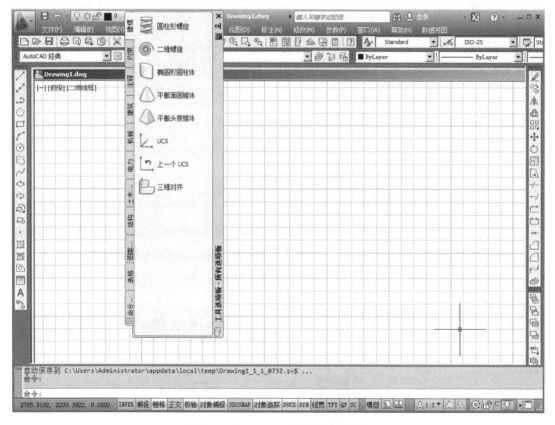

图1.3　"AutoCAD 经典"工作空间

1.1.3　认识 AutoCAD 的工作界面

　　关闭"工具选项板"和"栅格"(F7)后,显示如图1.4所示的工作界面。

认识AutoCAD
的工作界面

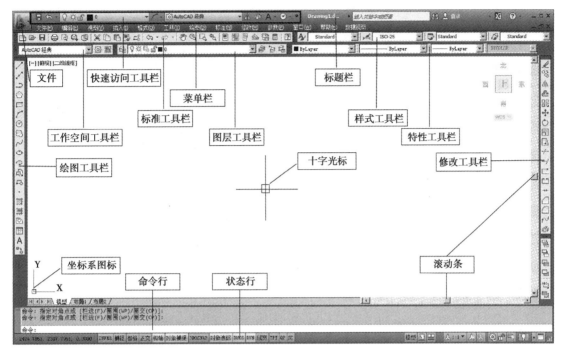

图 1.4　AutoCAD 的工作界面

1）标题栏

标题栏位于屏幕顶部,显示当前图形正在运行的程序名称及当前图形的文件名。未命名时显示"Drawing1",". dwg"是 CAD 文件的类型。右上角有"最大化""最小化"和"关闭"三个按钮。

2）快速访问工具栏

在标题栏左侧,放置了一些最常用的工具按钮,这就是快速访问工具栏。无论采用什么界面,快速访问工具栏都会显示。将功能区面板中的任何一个功能添加到快速访问工具栏,只需在命令面板中右键单击此功能图标,在右键菜单中选择"添加到快速访问工具栏",就可以将此功能添加到快速访问工具栏,如图 1.5 所示。

图 1.5　快速访问工具栏

3）菜单栏

菜单栏如图 1.6 所示。菜单中包含了 AutoCAD 中绝大多数命令。点击任一菜单时,如"视图",将出现下拉菜单,如图 1.7 所示。

| 文件(F) | 编辑(E) | 视图(V) | 插入(I) | 格式(O) | 工具(T) | 绘图(D) | 标注(N) | 修改(M) | 参数(P) | 窗口(W) | 帮助(H) | 数据视图 |

图 1.6　菜单栏

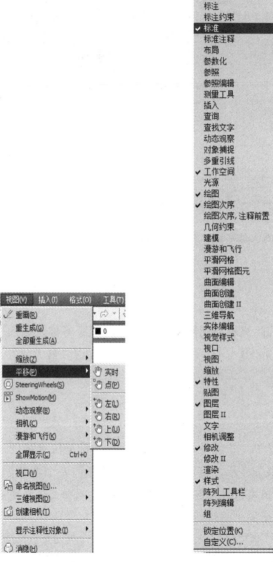

图 1.7　"视图"菜单　　　　　图 1.8　工具栏设置

　　下拉菜单中菜单项右边有一黑色三角符号"▶"时,表明该菜单项有下一级子菜单,也就是鼠标左键点击该菜单项将会出现一个子菜单,如点"平移"右侧的"▶",会出现子菜单。有时,菜单栏的菜单项呈灰色,说明该菜单项此时无法使用。

　　菜单栏的菜单项后面有"…"符号时,表示点击该菜单项将弹出一个对话框。

4）工具栏

工具栏可更加快捷而简便地执行命令，它由一些形象生动的图形按钮组合而成，工具栏中包含了最常用的命令。

在"AutoCAD 经典"工作空间中，已经显示了一些工具栏，如"修改""绘图"工具栏。用户若想在屏幕上显示某个隐藏的工具栏，可点击下拉菜单的"视图→工具栏"或在屏幕上已显示的工具栏上单击右键，弹出快捷菜单（图 1.8）后，点选想要显示的工具栏，其前方就会打"√"，要关闭某个工具条，在"工具栏"中取消选中即可。

注意：工具条要根据当前的工作重点进行选择，将其放在屏幕上，以方便点取。但工具条不要显示太多，以免减小绘图区尺寸。屏幕上最好只有"标准""图层""特性""绘图""修改""尺寸标注"等几个工具条，其他临时需要的工具栏随时调取和关掉。另外，由于整个屏幕比较宽而高度不足，工具条最好放在屏幕的左右两边，尽量使之与图幅比较接近。

5）绘图区

屏幕中央最大的空白部分就是绘图区，相当于一张图纸，用户可以在这张图纸上完成所绘的图形任务。不过这是一张虚拟图纸，理论上可以是无穷大的。利用视窗缩放功能，可使绘图区无限增大或缩小，因此无论多大的图形都可置于其中。

坐标系：绘图区左下角，有两个相互垂直的箭头，这是 AutoCAD 的世界坐标系（WCS）或用户坐标系（UCS），在默认状态下，使用世界坐标系（WCS），X 轴和 Y 轴表示绘图区的方位，箭头表示 X 轴、Y 轴的正方向。

十字光标：当光标移至绘图区时，光标显示状态为十字相交的直线，称为十字光标。十字光标交叉点的位置表示当前点的位置。

模型空间和图纸空间：坐标系图标下部有三个标签，即"模型""布局 1"和"布局 2"，它们用于模型空间和图纸空间之间的切换。一般情况下，用户在模型空间中绘图，图形输出时可转至布局空间。

6）命令行窗口

命令行窗口是用键盘输入命令以及进行信息提示的窗口，是进行精确绘图的一种非常有效的手段。命令行窗口是一个浮动窗口，可以移动到屏幕上的任何地方。默认状况下，命令行窗口位于绘图区的下方。

文本窗口是记录 AutoCAD 历史命令的窗口，默认状况下是不显示的，按下"F2"键可实现文本窗口与绘图窗口之间的切换。

在执行一个命令时若需退出或终止该命令，可按"Esc"键，使其回到初始命令状态。输入后按回车键（Enter 键）或空格键一般表示提交命令。

7)状态栏

状态栏位于命令行下部,其左边显示绘图区光标的当前坐标(x,y,z),右边依次为"捕捉""栅格""正交""极轴""对象捕捉""对象追踪""DYN"(动态输入)及"线宽"等功能按钮,当显示亮蓝时,该功能即被打开。

单击右侧的锁状图标，可设置浮动或固定的工具栏和窗口,当选择其中的项目后,锁状图标呈锁定状态。

单击锁状图标右侧的小黑三角"▼"弹出状态行菜单,如图1.9所示,可对状态行显示的项目进行选择。

| 1448.5169, 487.8583 , 0.0000 | 捕捉 栅格 正交 极轴 对象捕捉 对象追踪 DYN 线宽 QP SC |

图 1.9　状态行菜单

最右下角是"全屏显示"按钮，单击可全屏显示,使绘图区域增大显示,再次单击恢复原状态。

1.1.4　修改 AutoCAD 的用户界面

单击下拉菜单栏中的"工具(T)"→"选项…"(命令为"OPTIONS"),将弹出"选项"对话框(图1.10)。用户可分别对其进行操作,即可修改原有用户界面中的某些内容。下面将对常遇内容修改的操作进行说明。

修改AutoCAD
的用户界面

1)图形窗口中十字光标大小的修改

单击"显示"选项,切换到"显示"选项卡[图1.10(a)],系统中预设的十字光标的大小为屏幕大小的5%,用户可以根据绘图的实际需要对其比例进行修改。具体操作方法为:在"十字光标大小"选项组中的文本框内直接修改比例数值;或者拖动文本框后边的滑块,即可对十字光标的大小进行调整。

2)图形窗口中背景颜色的修改

在默认情况下,背景是黑色、线条是白色。单击"显示"界面中的"颜色(c)…"[图1.10(a)]按钮,将弹出"图形窗口颜色"对话框[图1.10(b)]。单击"颜色(C)"下拉列表框中的下拉箭头,弹出颜色下拉列表,如果在颜色下拉列表中选择"白",此时预览中的背景将变成白色、线条将变为黑色。单击"应用并关闭(A)"按钮,则绘图窗口将变为白色背景、黑色线条。

注意:本书示例中将背景颜色修改为白色是为了截图方便。在绘图过程中,一般默认背景为黑色,不做修改。

3)"拾取框大小"的修改

在"选项"对话框中点击"选择集",切换到如图 1.10(c)所示的对话框,在这里可调整"拾取框大小",方便在图形修改时进行对象的选择。

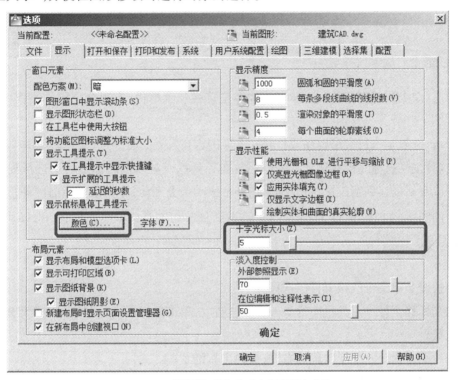

(a)"显示"项修改"十字光标大小"

(b)"显示"项修改"图形窗口颜色"

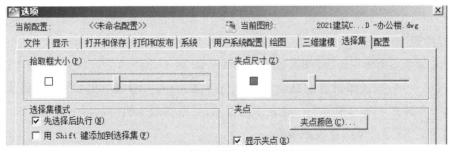

(c)"选择集"项修改"拾取框大小"

图 1.10　在"选项"对话框中修改用户界面

任务 1.2　熟悉基本操作

1.2.1　鼠标操作

鼠标操作

1)左键

①单击:命令执行键,用于选择对象,选择工具栏和菜单栏,实现命令操作过程中的选择功能。

②双击:一般是执行应用程序或打开一个新的窗口。

③拖动:按住鼠标左键并移动。将鼠标放在工具栏或对话框的标题栏上进行拖动,可以将工具栏或对话框移到新位置;将光标放在屏幕滚动条上拖动,即可滚动当前屏幕;工具栏中带黑三角的图标(如"标准"工具栏的),点住该图标可在其选项中进行拖动选择。

2)右键

调用快捷菜单命令或结束目标选择。

①将光标移至任一工具栏中的某一工具按钮上,单击鼠标右键,将弹出快捷菜单,用户可以定制工具栏。

②在绘图区内任一处单击鼠标右键,会弹出右键菜单。

③选择目标后,单击右键的作用就是结束目标选择。

3)中键(滚轴)

①上下滚动可以缩放视图。

②双击可以最大化视图。

③按住可以平移视图。

键盘操作

1.2.2　键盘操作

①输入命令。当命令行为空时,就表明 AutoCAD 处于命令的接收状态,在键盘输入命令(常用快捷命令)后按回车键或空格键即可执行一条命令。(注意:用左手操作键盘的用户,空格键比回车键更方便。)要取消一条命令的输入,可以在命令执行过程中按 Esc 键。

②输入文本对象、坐标及各种参数。

③快捷键操作。快捷键是 Windows 系统提供的功能键或普通键盘组合,目的是为用户提供快速操作的条件。AutoCAD 同样包括了 Windows 系统自身的快捷键和 AutoCAD 设定的快捷键。

附录 I 列出了常用快捷命令和快捷键的操作及其功能。

技巧:使用键盘输入快捷键和快捷命令可大大提高作图速度,要有意记住常用命令的快捷键。作图时要养成"左手敲键盘,右手用鼠标"的习惯,这样两手配合,可提高画图速度,并可缓解疲劳。

1.2.3　命令操作

输入命令就是向 AutoCAD 发出指令,以通知它完成某项操作。AutoCAD 的命令很多,输入方式各异,参数和子命令各不相同,选择合适的调用方法,可提高绘图效率。常见的命令输入设备有鼠标、键盘等。

命令操作

1)命令的输入

在绘图时,输入 AutoCAD 命令常有以下几种方法:单击工具栏"图标"按钮、使用下拉菜单、通过键盘输入命令等。下面以"直线"(line)命令进行介绍。

①单击工具栏的"图标"按钮。操作方式为:单击"绘图"工具栏的 ⁄ 按钮。

②使用下拉菜单。操作方式为:点击下拉菜单上的"绘图→⁄直线",然后鼠标左击。

③通过键盘输入命令。操作方式为:在命令行为空的情况下,即在命令行"命令:"后面输入"line"(不区分大小写)或快捷键"L"(line 的首字母),然后按下回车键(或空格键)执行命令。

注意:如果命令行中正在执行其他命令,可按"Esc"键中断,使命令行处于待接收命令状态。

④重复调用刚刚执行完的命令。常用以下几种方法:按空格键(或回车键);从右键菜单调用,在命令行为空的情况下,鼠标右击绘图区空白处,在弹出的快捷菜单中选择命令,一般在快捷菜单的顶部。

2)退出正在执行的命令

在绘图过程可以随时退出正在执行的命令,方法如下:

①按"Esc"键(键盘左上角)。

②按"Enter"键。有时需按不止一次"Enter"才能结束命令。

③使用鼠标右键。在命令执行过程中,右击鼠标,在弹出的快捷菜单中单击"取消"。

3)取消已经执行的命令

在绘图过程中,如果出现错误需要取消上一步操作,常用以下几种方法:

①单击"标准工具栏"中的"放弃"按钮 ↰ ▾。如果需要取消前面执行的多次操作,可反复单击放弃按钮,或者单击按钮旁边的▼,在弹出的菜单中选择所要取消的操作。

②在命令行中键入"U"(undo),回车。

③按"Ctrl+Z"组合键(快捷键)。

④选择菜单命令。单击"编辑"菜单下的"放弃"命令。

⑤在右键菜单中选择"放弃"。此时要求命令行没有正在执行的命令。

4)恢复已取消的命令

①单击"标准工具栏"中的"重做"按钮。如果需要恢复前面执行的多次操作,可反复单击重做按钮,或者单击按钮旁边的▼,在弹出的菜单中选择所要恢复的操作。

②选择菜单命令。单击"编辑"菜单下的"重做"命令。

③在右键菜单中选择"重做"。此时要求命令行没有正在执行的命令。

④按"Ctrl+Y"组合键(快捷键)。

5)命令交互

AutoCAD 命令在操作中是通过人机对话实现的,需要清楚命令行提示内容的含义,如下面是"偏移"命令执行过程中的一条提示:"指定偏移距离或[通过(T)/删除(E)/图层(L)]<通过>:"。

①方括号前面的"指定偏移距离"为当前的操作提示,可直接输入数据回车后执行,也可通过在屏幕上点两点确定距离(系统自动量取)。

注意:如果是角度,只需键入数值,不键入"°"。

②方括号中的三个并列选项,需要键入后面小括号内的字母,按 Enter 键执行该选项。

③方括号后面的"<通过>"为回车默认的操作。

1.2.4　点的输入方法

点的输入(点取法)

1)点取法

①用鼠标直接点击绘图区上的任意点或特殊点。该方法往往用于绘图的第一点,或点取对象捕捉点,如端点、中点等。

②同时打开状态栏的"捕捉"和"栅格",可看到光标只在栅格交点处停留,点击栅格交点可输入点。默认的捕捉间距为 10 mm,可通过在状态栏单击右键,打开"草图设置"进行间距和捕捉类型的修改。

2)相对直角坐标法

点的相对坐标为相对于上一点的直角坐标值"@X,Y"(注意:","为英文标点),即把上一点看作坐标原点(0,0),X 的值相对上一点在右为正,在左为

点的输入(直角坐标法)

负,Y 的值相对上一点在上方为正,在下方为负。当打开状态栏"DYN"(动态输入)时,"@"省略,即相对直角坐标值为"X,Y"。

如图 1.11 所示,点的绘制顺序为 A、B、C、D、E(A),A 点为第一点,则 B 点相对于 A 点的直角坐标是将 A 点作为坐标原点,B 点的相对直角坐标为"0,150"[图 1.11(a)]、"100,50"[图 1.11(b)],其他点的相对直角坐标如图中括号内数值所示(打开"DYN",省略"@")。

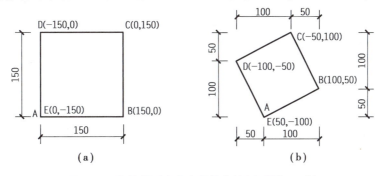

图 1.11　点的相对直角坐标输入法(打开"DYN")

3)相对极坐标法

极坐标系由原点(O)和 X 轴组成。点的相对极坐标为相对于上一点的极坐标值"@d<α","d"为该点到上一点的距离(恒为正),"α"为将上一点作为极坐标原点的 0 轴旋转到该点与上一点连线的角度(逆时针为正,顺时针为负)。打开状态栏"DYN",点的相对极坐标为"d<α"。

点的输入(极坐标法)

如图 1.12 所示,点的绘制顺序为 A、B、C、D、E(A),第一点 A 点,则 B 点相对于 A 点的极坐标由 B 点到上一点 A 的距离 AB 以及 AB 绕 A 为原点的 0 轴旋转的角度确定,即 B 点的坐标为"150<0"[图 1.12(a)]、"150<30"[图 1.12(b)],其他点的相对极坐标如图中括号内数值所示(打开"DYN",省略"@")。

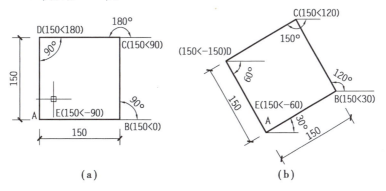

图 1.12　点的相对极坐标输入法(打开"DYN")

4)引方向输距离法

(1)利用"极轴"引出方向

打开状态栏的"极轴"(F10),默认的"极轴增量"为90°,光标沿极轴0°、90°、180°、270°引出方向,直接键入相对于上一点的距离即可。如图1.13(a)所示,任意点击 A 点后,光标向右引出方向(极轴角度为0),直接键入"200"后按回车键,即到 B 点。

另外,可通过在状态栏的"极轴"单击右键,选择不同的"极轴增量",如选"45"[图1.13(b)],可用光标引出极轴角度为"0、45、90、135、180、225(−135)、270(−90)、315(−45)"的方向,当绘制直线 AB 时,绘制 A 点后,光标向极轴角度为45°的方向引出,直接键入"200"按回车键,即到 B 点[图1.13(c)]。"极轴增量"也可通过状态栏的"极轴"右键-"设置",弹出"草图设置"对话框(图1.14),设置极轴增量,从而方便光标沿极轴增量引出方向。

(a)引出极轴角度为0　　　(b)选择"极轴增量"为"45"　　　(c)引出极轴角度为"45"

图1.13　引方向输距离法

图1.14　设置"极轴"增量

如绘制图1.12(a)所示的正方形,打开"极轴",绘制 A 点后,光标向右(0°极轴)引方向,键入"150",回车,到 B 点;光标向上(90°极轴)引方向,键入"150",回车,到 C 点;光标向左(180°极轴)引方向,键入"150",回车,到 D 点;光标向下(-90°极轴)引方向,键入"150",回车,到 E(A)点。

如绘制图 1.12(b)所示的正方形,右击"极轴"选"30",绘制 A 点后,光标向 30°极轴引方向,键入"150",回车,到 B 点;光标向 120°极轴引方向,键入"150",回车,到 C 点;光标向 210°(-150°)极轴引方向,键入"150",回车,到 D 点;光标向-60°极轴引方向,键入"150",回车,到 E(A)点。

(2)利用"正交"引出方向

打开状态栏的"正交"(F8),光标只能引出水平和竖直方向,绘制方法同极轴。

1.2.5 图形的显示控制

计算机屏幕尺寸是有限的,而图形通常要比屏幕尺寸大,因此屏幕只是图形的一个显示窗口,它可以缩小显示整幅图,也可以放大显示图的某一部分。需要注意的是图形本身尺寸不变,只是将图形推远后,在窗口中显示的内容小而多,拉近后在窗口中显示的内容大而少。对 AutoCAD 绘图来说,实现屏幕缩放的目的就是"整体看布局,放大画细节"。为了观察和操作方便,绘图时常常需要改变图纸在屏幕上的显示位置和大小,控制图形显示相当于移动显示窗口或图纸,并不改变图形的实际尺寸和相对位置。

图形的显示控制

1)显示缩放

通过显示缩放可以放大或缩小图形的屏幕显示尺寸,而图形的真实尺寸保持不变。

调用方式有:命令 ZOOM(Z)或标准工具栏:"显示缩放"(图 1.15)或点下拉菜单"视图→缩放"。

实时缩放:按住鼠标左键并在屏幕上下移动光标(即上下拖动光标),向上拖动为放大,向下拖动为缩小,按Esc键退出。

缩放上一个:恢复上一次显示的图形。可逐步退回到前边10个显示的图形。

窗口缩放(W):指定两点为对角点,将两对角点形成的矩形范围内的图形放大到全屏幕。
动态缩放(D):该选项可以实现动态缩放和平移两种功能。
比例缩放(S):用于直接输入缩放比例,并以视区中心作为缩放基准。
中心缩放(C):指定新的显示中心、缩放比例或高度显示图形。
对象缩放(O):将所选中的对象充满整个屏幕。

放大:图形将放大一倍。
缩小:图形将缩小一半。

全部缩放(A):按照图形界限命令Limits所设定的范围显示。
范围缩放(E):可以在屏幕上尽可能大地显示所有图形对象。与"全部缩放"选项不同的是,范围缩放的显示边界是图形范围而不是图形界限。

图 1.15 标准工具栏的显示缩放

图 1.16　平移的右键菜单

2）实时平移

实时平移可以在不改变显示比例的情况下,观察图形的不同部分,相当于移动图纸。除了按住鼠标中键(滚轴)拖动进行平移,还可以通过单击"标准"工具栏的图标👋,或输入命令 PAN(P),或点下拉菜单:"视图→ 平移→实时"等操作来实现。

执行该命令后,屏幕上出现一个👋符号,这时用户拖动屏幕可以使图形一起移动。如果要退出平移状态,可以按 Esc 键,或按鼠标右键弹出菜单并选择"退出"选项(图 1.16)。

3）视图的重生成

在绘图过程中,有时会在屏幕上留下一些"痕迹"。为了不影响图形的正常观察,可以执行"视图→重生成"(Regen),快捷键(RE)。

操作训练

任务 1.3　操作训练

1.3.1　任务描述

练习鼠标、键盘的用法,绘制如图 1.17 所示的直线(不标注尺寸),并进行视图操作。具体要求如下:

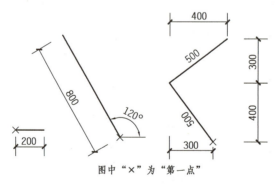

图中"×"为"第一点"

图 1.17　基本操作图形

①绘制 200 mm 长的水平线。左键单击工具栏图标,输入"直线"命令,用"引方向输距离"的方法输入第二点,右键菜单结束绘图。

②视图操作。利用中键的滚动、拖动和双击,或标准工具栏的图标👋🔍📷🔍进行视图操作,用命令 ZOOM 进行窗口缩放和范围缩放。

③绘制图中 800 mm 长的斜线。要求用直线的快捷命令"L"输入"直线"命令,第二点用

极坐标法输入"800<120",用"空格"键执行并结束。

④绘制图中 500 mm 长的 2 条斜线。要求:重复上一命令的方法输入"直线"命令;第二点用直角坐标法输入"-300,400"和"400,300",用"空格"键执行并结束。

1.3.2　操作指导

1)绘制 100 mm 长的水平线

①左键单击"绘图"工具栏的 ✐ 按钮,观察命令行提示。

②看到提示"指定第一点"时,在屏幕任意点一点。

③看到命令行提示"指定下一点"时,用光标向右引出方向("极轴"默认为打开状态),用键盘输入"200"。

④光标在绘图区点击右键,然后左键单击"确定"或"取消",完成 200 mm 长水平线的绘制。

2)视图操作

(1)用鼠标中键(滚轴)观察图形

①滚轴上下滚动,观察视图的缩放(实时缩放 🔍)。滚轴向上滚动,视图拉近,可见100 mm 长水平线变大;滚轴向下滚动,视图拉远,可见 100 mm 长水平线变小。

②按住滚轴(不放开),出现 ✋,鼠标移动时,观察视图的平移。

③双击滚轴(范围缩放 🔍),最大化视图,观察图形以最大形式显示在窗口。

(2)用快捷命令"Z"(ZOOM)操作视图。

①在命令行输入"Z",按空格键,执行"窗口缩放"。

②按命令行提示,左键点 100 mm 长水平线的左下方。

③命令行提示:"指定对角点"时,移动鼠标可见光标拖出一个矩形,在 100 mm 长水平线的右上方,单击左键,观察到矩形窗口内的 100 mm 长水平线放大。

④回车(重复 ZOOM 命令),输入"E"(范围缩放 🔍)回车,可看到图形对象全部显示在屏幕中。

3)绘制 800 mm 长的斜线

①在命令行输入"L"(即 line,不分大小写),左手大拇指按"空格"键,观察命令行提示。

②看到提示"指定第一点"时,在屏幕任意点一点。

③看到命令行提示"指定下一点"时,用键盘输入"800<120"(英文),左手大拇指按"空格"键。

④看到屏幕上的斜线,再次按空格键,完成 800 mm 长斜线的绘制。

4)绘制 500 mm 长的两条斜线

①按空格键,重复上一步的"直线"命令。

②看到提示"指定第一点"时,在屏幕任意点一点。

③看到命令行提示"指定下一点"时,用键盘输入"-300,400"(英文),左手大拇指按空格键。

④键盘输入"400,300"(英文),左手大拇指按空格键。

⑤再按空格键,完成 500 mm 长的两条斜线。

技能训练

用"直线"命令绘制图形(图 1.18),按 A—B—C—D—E 的顺序绘制,不标注尺寸。

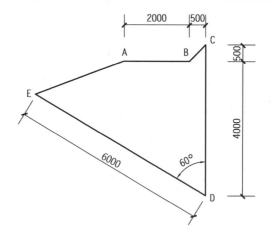

技能训练

图 1.18   训练图形

项目 2　绘制简单图形

项目导学:本项目设置了由简单到复杂的 6 个绘图任务,目的是通过绘图任务学习 Auto-CAD 的常用命令。每个任务都有"任务描述和分析""绘图步骤与解析",在用到新命令的时候会详细讲述命令的调用方法、AutoCAD 命令行提示及解释。简单命令在绘图过程中讲解,复杂命令(多选项)的其他使用方法以及相关命令以"命令拓展"的形式放在本任务完成之后。

说明:本书在开始讲解命令时,将命令以"【】"括住,加以提醒;命令缩写放在命令全称之后以"( )"括住,如"Line"(L);命令行显示的内容加字符底纹,">>"后为每一步的操作方法和解释;确认时统一以"回车"表示。

任务 2.1　绘制几何形体

绘制几何形体

2.1.1　任务描述和分析

1)任务描述

用"直线""多边形"和"删除"命令完成如图 2.1 所示的图形,不标注尺寸。

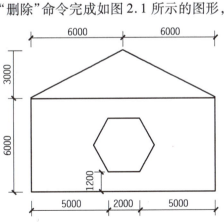

图 2.1　几何形体

2)任务分析

①建筑图形的绘制方法是首先按照 1∶1 绘图,然后进行标注。AutoCAD 默认的图形界限

是"420×297",建筑图形的尺寸一般都超过了这个范围,需要针对建筑图形设置【图形界限】。

②绘图过程可选择先画上部三角形再绘制下部矩形,通过辅助线确定正六边形左下角点位置,并完成正六边形的绘制,需学习新命令【多边形】。

③确定图中正六边形的相对位置需要作辅助线,完成绘图后要将多余的辅助线删除,需学习新命令【删除】和对象的选择方法。

④人机对话需要向计算机输入命令,需用到前面介绍的输入命令、退出命令,对已执行了的命令进行取消和恢复。

2.1.2 绘图步骤与解析

1)设置"图形界限"

点击下拉菜单的"格式→图形界限"或键入命令"limits"。命令行提示及操作如下:

命令:'_limits

重新设置模型空间界限:

指定左下角点或[开(ON)/关(OFF)]<0.0000,0.0000>：>>回车,执行缺省项。

指定右上角点<420.0000,297.0000>：42000,29700 >>键入"42000,29700",回车。

单击视图工具栏的 🔍(全部缩放)图标,或在命令行为空时,键入"Z",回车,再键入"A",回车,这时如果屏幕上有图形,可见图形缩小,且所设的界限全部呈现在屏幕上。

2)用"直线"命令绘制上部三角形

用上节讲到的命令输入方法输入【直线】命令,命令行提示及操作如下:

命令:_line 指定第一点：>>点击绘图区上任一点 A。

指定下一点:12000 >>光标水平向右引出(默认状态"极轴"是打开状态),键入"12000",按回车键(或空格键),得到 B 点。

注意:后面只写回车,省略"空格"。习惯左右手配合的用户建议用左手拇指按"空格"键。

指定下一点:@ -6000,3000 >>键入"-6000,3000",回车(状态行【DYN】为打开状态),得到 C 点。

指定下一点或[闭合(C)/放弃(U)]:C >>键入"C"回车,三角形闭合,或直接点取 A 点。采用直线绘制的三角形如图 2.2(a)所示。

3)用"直线"命令绘制下部矩形及辅助线

直接按空格键,重复【直线】命令,命令行提示及操作如下:

命令:_line 指定第一点：>>点击三角形左下角点"A"点(当鼠标靠近三角形左下角点时

会出现一个橙色的方块,暂停显示为"端点",此时点击就可精确捕捉到直线的端点。这是因为状态行默认的"对象捕捉"设置了端点并打开。方法详见本节"命令拓展"。)

指定下一点或[放弃(U)]:6000 >>鼠标竖直向下引出方向,键入"6000",回车。也可用坐标法键入(0,-6000)或(6000<-90),回车。

指定下一点或[放弃(U)]:12000 >>鼠标水平向右引出,键入"12000",回车。

指定下一点或[放弃(U)]: >>用鼠标点三角形的右下角点"B"点。

指定下一点或[放弃(U)]: >>回车,结束命令

直接按空格键,重复【直线】命令,命令行提示及操作如下:

LINE 指定第一点: >>点击矩图形左下角点"端点"(对象捕捉)。

指定下一点或[放弃(U)]:5000,1200 >>键入直角坐标"5000,1200"回车,绘制辅助线。

所绘制的矩形如图2.2(b)所示。

注意:建筑图形中水平和垂直线条较多,可利用"极轴"(F10,默认打开),也可打开【正交】(F8),使光标只能水平和垂直移动,以方便和精确绘图。

4)用"多边形"命令绘制正六边形

调用【多边形】命令的方法有三种:单击"绘图"工具栏的图标⬡;点击下拉菜单的"绘图→多边形";输入命令"Polygon(Pol)"。

调用【多边形】命令后,命令行提示如下:

命令:_polygon 输入边的数目<4>:6 >>键入"6",回车。

指定正多边形的中心点或[边(E)]:E >>用指定边(边长)的方式画正六边形。

指定边的第一个端点: >>点击辅助线右端点(默认打开"对象捕捉")。

指定边的第二个端点:2000 >>光标向右引出方向,键入"2000"回车。由"第一点"和"第二点"的距离确定边长。

所绘制的正六边形如图2.2(c)所示。

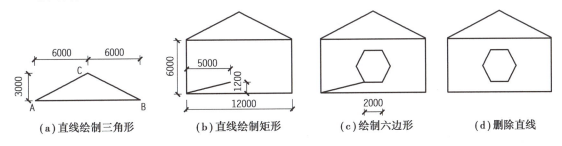

(a)直线绘制三角形　　(b)直线绘制矩形　　(c)绘制六边形　　(d)删除直线

图2.2　绘图步骤

5)删除辅助线

调用【删除】命令:单击"修改"工具栏的图标✎;输入命令"Erase"(E);单击下拉菜单的

"修改→删除"。命令行提示及操作如下：

命令：_erase

选择对象：找到 1 个 >>左键点选辅助线(变虚即为选到)。其他"选择对象"的方法详见本节"命令拓展"。

选择对象： >>回车(或空格、右键)，结束命令。

选择对象方法

2.1.3 命令拓展

1)选择对象的方法

在 AutoCAD 中,编辑修改操作一般需要先选择操作对象,然后进行操作。所选择的对象便构成了一个集合,称为选择集。在构建选择集的过程中,被选中的物体将用虚线显示。常用构建选择集的方法如下。

(1)单选

将光标移动到需要的对象上,按鼠标左键进行选取,每次只能选取一个对象。

(2)窗选

①窗口选取。鼠标从左到右构建矩形窗口,只有完全包含在这个窗口中的对象才被选中。如图 2.3(a)中,只能选中完全包含的下部两个对象,不能选中上部对象。

②窗交选取。鼠标从右到左构建矩形窗口,不仅完全包括在这个窗口中的对象被选中,与这个窗口相交的对象也会被选中。如图 2.3(b)中,所有对象都被选中。

(a)窗口选取与选取结果　　　　　　　　　　　(b)窗交选取与选取结果

图 2.3　选择对象的窗口选取与窗交选取

(3)选择所有对象

使用快捷键 Ctrl+A,即可选中所有的对象。

(4)返回(undo)选项

去除选择集中最后一次选择的对象而不退出选择对象的提示。在选择对象提示下,输入"u",然后按回车键,就可以返回到前一个选择状态。

(5)将对象从选择集中删除

如果想从选择集中删除某些对象,只要按住"Shift"键并单击要删除的图形对象即可。

2）夹点

夹点

在输入修改命令(如【删除】)之前可以先选择对象(预选对象),再执行【删除】等修改命令。

当预选对象时,对象关键点上将出现"夹点","夹点"是一些实心的小方框,默认为蓝色(图2.4)。当点击"夹点"时,被选中的"夹点"变红,可以通过拖动这些"夹点"快速拉伸、移动、旋转、缩放或镜像对象。

图2.4 预选对象出现"夹点"

夹点默认为启动状态,可通过命令"OPTIONS"(OP)或"工具—选项—选择集"来打开"夹点"并进行设置。

3）对象捕捉与追踪

对象捕捉与追踪

"对象捕捉"是 AutoCAD 提供的一个十分有效的方法。在绘图命令执行过程中,将光标移动到对象目标的附近,AutoCAD 就会自动准确地捕捉到对象上的特殊点。

（1）运行对象捕捉

点击屏幕下方状态栏的"对象捕捉",可实现"对象捕捉"的开启与关闭,快捷键为"F3"。

右击状态栏中的"对象捕捉-设置",弹出"草图设置"对话框,也可以点击下拉菜单的"工具→草图设置"来启动该对话框,打"√"的模式为已选择的对象捕捉模式。一般点击"全部选择",再点击"最近点"取消,单击"确定"按钮,如图2.5所示。

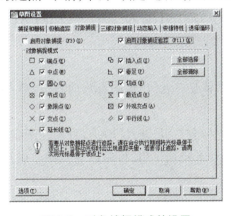

图2.5 对象捕捉模式的设置

图2.6 对象捕捉快捷菜单

（2）单点对象捕捉

在绘图过程中,要捕捉对象上的某个特殊点,可在按住 Shift 键或 Ctrl 键的同时,在绘图区域右击鼠标,然后从弹出的对象捕捉快捷菜单中选择所需的对象捕捉模式(图2.6)。还可以将"对象捕捉"工具栏放在桌面上,点取快捷图标(图2.7)。这种捕捉方式是临时对象捕捉模式。在执行命令过程中只能使用一次,下次使用时必须再次点击对象捕捉模式,即只能一次性使用。

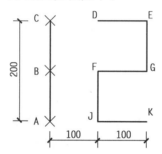

图 2.7 对象捕捉工具栏

(3)对象捕捉追踪

对象捕捉追踪是快速而精确绘图的有效方法,要熟练使用。使用对象捕捉追踪可追踪以对象捕捉点为基础的对齐路径。例如,可以沿着基于对象的端点、中点或两对象交点的路径选取点。使用对象捕捉追踪时,将光标移动到目标对象捕捉点上,不要单击,暂停可临时获取该点,然后当移动鼠标到基于该点的水平、垂直或追踪极角增量方向的对齐路径时,这些路径就会显示出来(虚线显示)。沿路径移动鼠标可定位到所需点上,鼠标旁会显示离获取点的长度和追踪极角值等。使用前,同时打开"对象捕捉"(F3)和"对象追踪"(F11)。

利用对象捕捉追踪绘制图 2.8。绘图方法如下:

图 2.8 利用对象捕捉追踪绘图

命令:_line 指定第一点: >>执行直线命令,任意点击屏幕一点,即为 A 点。

指定下一点或[放弃(U)]:200 >>光标向上引,键入"200",回车,得到 C 点。

指定下一点或[放弃(U)]: >>回车,结束。

命令: >>回车,重复直线命令。

命令:LINE 指定第一点:100 >>光标靠近 C 点(出现端点),向右引,键入"100",回车,得到 D 点[图 2.9(a)]。

指定下一点或[放弃(U)]:100 >>光标向右引,键入"100",回车,光标到 E 点。

指定下一点或[放弃(U)]: >>光标从 E 点向下引,再靠近 B 点向右引,在引出的两虚线交点处点 G 点[图 2.9(b)]。

指定下一点或[闭合(C)/放弃(U)]: >>光标从 G 点向左引,再靠近 D 点向下引,在引出的两虚线交点处点 F 点[图 2.9(c)]。

指定下一点或[闭合(C)/放弃(U)]: >>光标从 F 点向下引,再靠近 A 点向右引,在引出的两虚线交点处点 J 点[图 2.9(d)]。

指定下一点或[闭合(C)/放弃(U)]: >>光标从 J 点向右引,再靠近 G 点向下引,在引出的两虚线交点处点 K 点[图 2.9(e)]。

指定下一点或[闭合(C)/放弃(U)]: >>回车,结束。

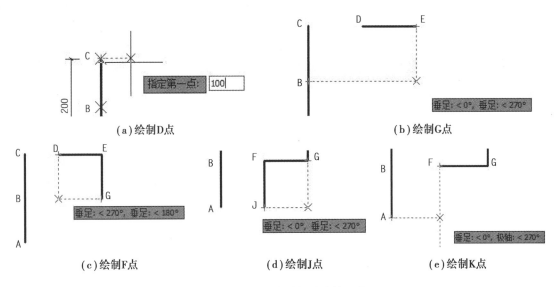

（a）绘制D点　　　　　　　　　　　　（b）绘制G点

（c）绘制F点　　　　　　（d）绘制J点　　　　　　（e）绘制K点

图 2.9　利用对象捕捉追踪输入点

4）正多边形

多边形

任务：绘制如图 2.10（a）所示的两个正六边形。

图 2.10 中所示的内部正六边形"内接于"半径为 2 000 mm 的圆；外部正六边形"外切于"半径为 2 000 mm 的圆。

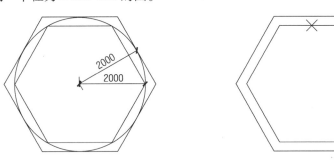

（a）"内接于圆"和"外切于圆"　　　（b）绘制"内接于圆"和"外切于圆"的正六边形

图 2.10　指定中心和内接（外切）圆半径的正多边形

重复调用【正多边形】命令后，命令行提示及操作如下：

命令：_polygon 输入边的数目<6>：>>回车。

指定正多边形的中心点或［边（E）］：>>任意点击一点。

输入选项［内接于圆（I）/外切于圆（C）］<I>：>>回车，选内接于圆的方式。

指定圆的半径：2000 >>键入"2000"回车。

命令：>>回车，重复命令。

命令：_polygon 输入边的数目<6>：>>回车，确认"6"。

指定正多边形的中心点或[边(E)]:>>追踪图 2.10(b)中的两个"×"点的交点。确保状态栏"对象捕捉"(F3)的"中点"和"端点"和"对象追踪"(F11)为打开,光标在图中上边的"×"点暂停后向下引,出现追踪矢量,光标再在图中右边的"×"点暂停后向左引,与上一个追踪矢量的交点即为圆心的位置。

输入选项[内接于圆(I)/外切于圆(C)]<I>:C >>键入"C"回车,选"外切于圆"的方式。

指定圆的半径:2000 >>键入"2000"回车。

技能训练

1. 用"【直线】"和"对象捕捉追踪"等命令绘制如图 2.11 所示的图形。

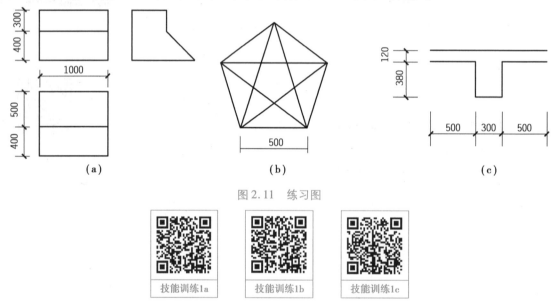

图 2.11　练习图

2. 绘制如图 2.12 所示的图形,图中 1,2,3,4,5 是 5 个直线对象,6 是一个对象(正六边形),结合【删除】命令,分别练习选择对象:1;123;125;456;全部;除 1 的全部;执行删除命令,单选 1,2,3,再去除 3,删除 1 和 2。

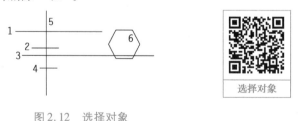

图 2.12　选择对象

平开窗　1:50

图 2.13　平开窗

任务 2.2　绘制平开窗并注写图名

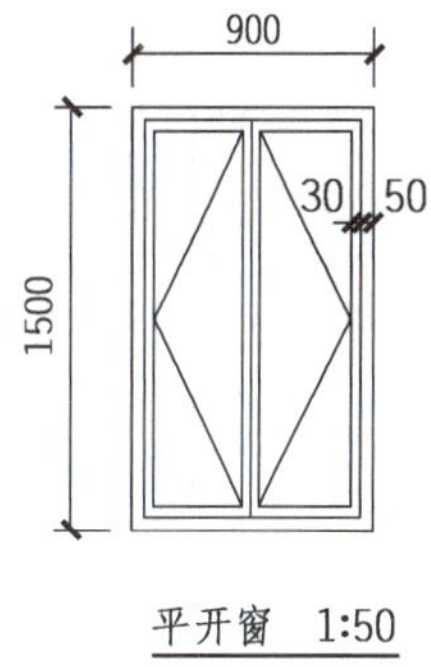

2.2.1　任务描述和分析

1)任务描述

①使用【矩形】、【偏移】、【镜像】等新命令绘制如图 2.13 所示的平开窗,窗框断面宽为 50 mm,窗扇框断面宽为 30 mm。不标注尺寸。

②注写图名:"平开窗"(字高 300 mm),"1:50"(字高 150 mm),字体均为"gbcbig.shx"。

③用【多段线】绘制图名下的线条(线宽 20 mm)。

2)任务分析

(1)绘制平开窗图形

①首先绘制窗框,窗框由内外两个矩形组成。先通过【矩形】命令绘制外矩形,再通过【偏移】命令向内偏移复制内矩形。这里要学习【矩形】和【偏移】两个新命令。

②绘制一个窗扇,再将其"镜像"到另一侧,完成图形。这里要学习新命令【镜像】。

③绘图过程中需要设置"对象捕捉":"端点"和"中点"。

(2)注写图名

①注写文字首先要新建"文字样式",设置字体"gbcbig.shx",再用这种样式绘制文字,学习新命令【单行文字】和【多行文字】。

②用【多段线】绘制线宽为 20 mm 的线条,学习新命令【多段线】。

2.2.2　绘图步骤与解析

绘制平开窗

1)绘制平开窗

通过上面的分析,可将平开窗的绘制步骤分解,如图 2.14 所示。

(1)用【矩形】命令绘制窗框外边线 900×1500

【矩形】命令调用方法:单击"绘图"工具栏的图标 ▭;单击下拉菜单的"绘图→矩形";输入命令"Rectang(Rec)"。命令行提示如下:

命令:_rectang

指定第一个角点或[倒角(C)/标高(E)/圆角(F)/厚度(T)/宽度(W)]:>>在绘图区任意单击一点。

指定另一个角点或[面积(A)/尺寸(D)/旋转(R)]:@900,1500 >>键入"@900,1500",

25

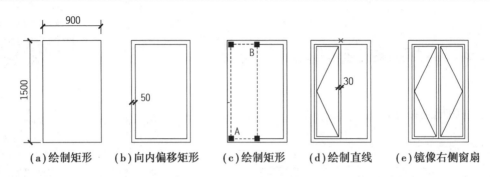

(a)绘制矩形　(b)向内偏移矩形　(c)绘制矩形　(d)绘制直线　(e)镜像右侧窗扇

图 2.14　平开窗的绘制步骤

回车。

【矩形】命令的其他选项操作详见本节命令拓展。

(2)用【偏移】命令将矩形向内偏移 50

【偏移】命令调用方法:单击"修改"工具栏的图标⬆;单击下拉菜单的"修改→偏移";输入命令"Offset(o)"。命令行提示及操作如下:

命令:_offset

当前设置:删除源＝否　图层＝源　OFFSETGAPTYPE＝0

指定偏移距离或[通过(T)/删除(E)/图层(L)]<通过>:50 >>键入"50",(指定偏移距离 50 mm),回车。

选择要偏移的对象,或[退出(E)/放弃(U)]<退出>:>>点选矩形外框。

指定要偏移的那一侧上的点,或[退出(E)/多个(M)/放弃(U)]<退出>:>>在矩形内侧点一下。

选择要偏移的对象,或[退出(E)/放弃(U)]<退出>:>>回车(执行默认选项<退出>)。

【偏移】命令的其他选项的使用方法详见本节"命令拓展"。

(3)绘制左侧窗扇

①确认"对象捕捉"的"中点"为勾选状态。

②绘制【矩形】[图 2.14(c)],命令行提示:

命令:_rectang

指定第一个角点或[倒角(C)/标高(E)/圆角(F)/厚度(T)/宽度(W)]:>>点击内矩形左下角点 A 点(端点)。

指定另一个角点或[面积(A)/尺寸(D)/旋转(R)]:>>点击内矩形中点 B。

③将 A、B 对角点形成的矩形向内【偏移】30 mm(做法同上);用【直线】命令绘制开启方向线,注意"对象捕捉"处于打开状态,捕捉端点和中点,如图 2.14(d)所示。

(4)镜像生成右侧窗扇,如图 2.14(e)所示。

【镜像】命令调用方法:单击"修改"工具栏的图标◣▶;点击下拉菜单的"修改→镜像";输入命令"Mirror(Mi)"。命令行提示如下:

命令:_mirror

选择对象:指定对角点:找到 4 个>>用交叉窗口(从右向左)一次选择 4 个对象。

选择对象:>>回车,结束选择对象。

指定镜像线的第一点:>>点选(捕捉)外框中点,如图 2.14(d)中的"×"。

指定镜像线的第二点:>>点选竖直线上任一点(极轴默认打开)作为第二点,两点形成的直线作为对称轴。

要删除源对象吗?〔是(Y)/否(N)〕<N>:>>回车,执行默认选项"<N>",完成右侧镜像图形。若只要镜像图形而不要源图形,则键入"Y"。

2)新建文字样式

AutoCAD 只提供一个名为"standard"的文字样式,且该样式自动被文字标注命令、尺寸标注命令等默认引用。因此,针对不同的场合,必须设置不同的文字样式以供使用。当用户设置了多种文字样式以后,要使用哪种文字样式应该将该文字样式设置为当前样式。

(1)新建文字样式"gb"(字体"gbcbig. shx")

调用"文字样式"的方法有:单击下拉菜单的"格式→文字样式",或在命令行输入命令"STYLE"(ST)。输入命令后会弹出如图 2.15 所示的"文字样式"对话框。

图 2.15　"文字样式"对话框

从对话框中可以看到,系统自带的文字样式"Standard"的字体为"T 宋体",需新建样式名为"gb"的文字样式,字体样式为 gbcbig. shx,这是工程图纸上大量注写的文字样式。

单击"新建(N)…"按钮,弹出"新建文字样式"对话框,将"样式名"改为"gb"(名称自定,方便识别即可),单击"确定"返回"文字样式"对话框。

在"字体"下的下拉列表中选择"txt. shx",勾选"使用大字体",然后在"大字体"下面选择"gbcbig. shx",修改"宽度因子"为"0.7"(使文字变窄),如图 2.16 所示,应用并关闭对话框。

在"样式"工具栏的下拉列表中,可见所有文字样式,点选其一可将其置为当前。

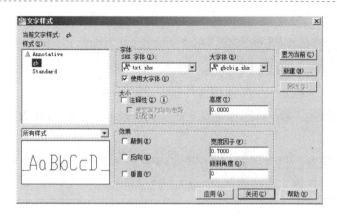

图 2.16　新建"gb"文字样式

（2）新建文字样式"fs"（字体"T 仿宋_GB2312"）

这里再新建"仿宋体"，以备后用。在"文字样式"对话框中，单击"standard"，再单击"新建"，样式名改为"fs"，然后在"字体名（F）:"下的下拉列表中选择"T 仿宋_GB2312"，如图 2.17 所示，单击"gb"，"置为当前"，关闭对话框。

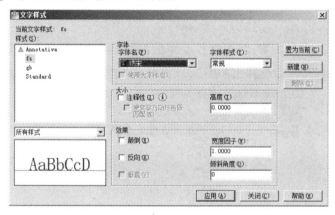

图 2.17　新建"fs"文字样式对话框

注意：

①"删除"按钮:选择一种样式，单击该按钮,这种文字样式可被删除。但是正在被使用的文字样式和系统定义的 standard 样式不能被删除。

②如果选取"使用大字体"复选框，则"字体"选项区中央的"字体样式"下拉列表框被激活,可以从中选择一种大字体。用户只有选择了".shx"的字体,"使用大字体"复选框才会被激活。

③如果将文字的高度设置为0,则在使用"单行文字"命令标注文本时,命令行将会显示"指定高度"提示,要求指定文字的高度;如果在"高度"文本框中输入了文字高度,AutoCAD则按此高度标注文字,命令行不再提示"指定高度"。

④"宽度因子":用于设置文字字符的宽度与高度之比,默认值为1。当宽度比例因子小于1 时文字会变窄,反之变宽。

3）注写图名

注写图名

（1）方法一：【单行文字】注写图名（图2.18）

【单行文字】为动态标注文字，是指通过命令窗口输入要标注文字的同时，可以在屏幕上动态地显示所输入的文字。书写完一行文字后按回车键可继续输入另一行文字，因此利用此功能可标注多行文字，但每行文字作为一个对象，可单独进行编辑和修改。

图2.18 "单行文字"

命令的调用方法有：在命令行输入命令"DTEXT"（DT）；点击下拉菜单的"绘图→文字→单行文字"。

前面已将"gb"置为当前，不然可在"样式"工具栏中选择"gb"，将其置为当前，如图2.19所示。

图2.19 在"样式"工具栏第一个"文字样式"中将"gb"置为当前

①注写"平开窗"（字高300）。

调用命令后，命令行提示及操作如下：

当前文字样式："gb"文字高度：2.5000 注释性：否

指定文字的起点或[对正（J）/样式（S）]： >>在图形下面左侧点一点（默认为文字的左下角）。

指定高度<2.5000>：300 >>键入"300"（字高），回车。

注意：如果选择的文字样式中定义了文字的高度，则AutoCAD不再提示指定高度。

指定文字的旋转角度<0>： >>回车，执行缺省项。

此时光标在点选的相应位置闪动，可键入"平开窗"，回车。光标指到下一行，可继续键入需要的文字。这里不再注写，再按一次"回车"键，结束命令。

②注写"1：100"（字高150）。

"回车"重复执行【单行文字】命令行提示及操作如下：

当前文字样式："gb" 文字高度：300 注释性：否

指定文字的起点或[对正（J）/样式（S）]： >>点击"平开窗"右下角。

指定高度<300>：150 >>键入"150"（字高），回车。

指定文字的旋转角度<0>： >>回车，执行缺省项。

此时光标在点选的相应位置闪动，键入"1：50"，回车。光标指到下一行，再按一次回车键，结束命令。

（2）方法二：【多行文字】注写图名

使用【多行文字】（MTEXT）命令创建的一行或多行文字为一个整体对象。

调用【多行文字】命令：单击绘图工具栏的 **A** 图标；在命令行输入命令"MTEXT"（T）；点击

下拉菜单的"绘图→文字→多行文字"。执行命令后，命令行提示及操作如下：

命令：_mtext 当前文字样式："gb" 文字高度：2.5 注释性：否

指定第一角点：>>任意点击一点。

指定对角点或[高度(H)/对正(J)/行距(L)/旋转(R)/样式(S)/宽度(W)/栏(C)]：>>点对角点。通过指定第一角点和对角点确定的矩形框来定义多行段落文字边界框。

然后弹出文字编辑器（图2.20）。多行文字的编辑选项比单行文字丰富，例如，倾斜、加粗、下画线，字体颜色、字体高度和多种不同字体设置等，使用多行文字可以将格式应用到独立的词语或字符，常用于书写设计说明的大段文字、图名（比例）等。

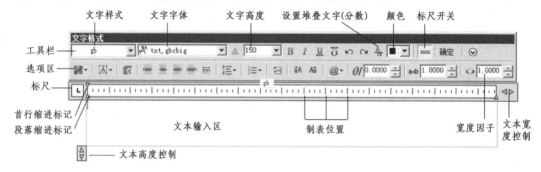

图2.20 文字编辑器

将"文字高度"改为"300"，书写"平开窗"；将"文字高度"改为"150"，书写"1：100"，也可先写文字再通过选择文字修改其格式，如图2.21所示。

书写完毕单击确定，在绘图区设定的矩形边框中插入了文字。

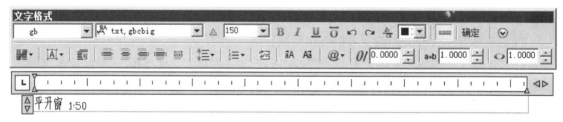

图2.21 多行文字注写图名

（3）特殊字符的标注

实际绘图时，有时需要标注一些特殊字符，如在一段文本的上方或下方加画线、标注"°""±""φ"等，以满足特殊需要。这些特殊字符不能从键盘上直接输入，因此 AutoCAD 提供了各种相应控制符，以实现这些特殊标注要求。CAD 的控制符由两个百分号（％％）及其后紧跟的一个字符构成。在输入这些字符时，相应控制码输入完成后 AutoCAD 就立刻在文字输入处显示出该特殊字符。常用控制符及实例见表2.1。

表 2.1　常用控制符及实例

序号	控制符	意义	输入实例	输入方法	备注
1	%%O	打开或关闭上画线	AutoCAD中文版	AutoCAD%%O 中文%%O 版	文字上画线（下画线）开/关总是成对出现,第一次出现时表示开始,第二次出现时表示结束
2	%%U	打开或关闭下画线	AutoCAD中文版	AutoCAD%%U 中文%%U 版	
3	%%D	标注度符号(°)	30°	30%%D	
4	%%P	标注正负符号(±)	±0.000	%%P0.000	
5	%%C	标号直径符号(Φ)	2Φ6	2%%C6	在仿宋体字样下,%%C 控制字符不起作用,应采用宋体、ISOCP 等其他字体
6	%%%	绘制一个%	100%	100%%% 或 100%	
7	%%178	平方	$2^3 \times 3 \div 2^2 = 6$	2%%179%%2153 %%2472%%178 = 6	
8	%%179	立方			
9	%%215	×			
10	%%247	÷			

4)用【多段线】绘制图名下的线条(线宽20)

【多段线】命令的调用方法:单击"绘图"工具栏的图标 ；点击下拉菜单的"绘图→多段线";输入命令"Pline(PL)"。命令行提示如下:

命令:_pline >>执行 Pline 命令。

指定起点: >>点击"平开窗"左下一点。

当前线宽为 25.0000

指定下一个点或[圆弧(A)/半宽(H)/长度(L)/放弃(U)/宽度(W)]:w >>输入"w"改变线宽。

指定起点宽度<25.0000>:20 >>输入"20",多段线起点宽度为20。

指定端点宽度<20.0000>: >>直接回车,默认多段线端点宽度为20。

指定下一个点或[圆弧(A)/半宽(H)/长度(L)/放弃(U)/宽度(W)]: >>点击"1:50"右下方一点。

指定下一点或[圆弧(A)/闭合(C)/半宽(H)/长度(L)/放弃(U)/宽度(W)]: >>回车结束。

2.2.3 命令拓展

任务:利用【矩形】命令和"对象追踪"绘制如图 2.22 所示的 5 个图形,使它们上下对齐。

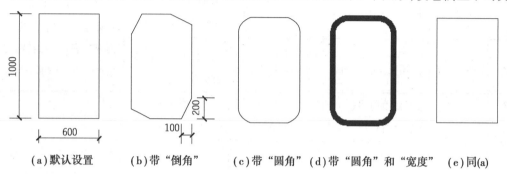

（a）默认设置   （b）带"倒角"   （c）带"圆角"（d）带"圆角"和"宽度"   （e）同(a)

图 2.22 矩形命令的拓展

（1）默认设置矩形的绘制

命令:_rectang >>调用矩形命令。

指定第一个角点或[倒角(C)/标高(E)/圆角(F)/厚度(T)/宽度(W)]: >>任意点击一点作为左下角点。

矩形

指定另一个角点或[面积(A)/尺寸(D)/旋转(R)]:@600,1000 >> 键入" 600,1000 ",回车。

（2）带"倒角"矩形的绘制

命令: >>回车(空格)(重复执行矩形命令,画第二个矩形)。

命令:_rectang

指定第一个角点或[倒角(C)/标高(E)/圆角(F)/厚度(T)/宽度(W)]:c >>键入"c",画带倒角的矩形。

指定矩形的第一个倒角距离<0.0000>:100 >>键入"100",回车(注意:两个倒角按逆时针分第一、第二)。

指定矩形的第二个倒角距离<100.0000>:200 >>键入"200",回车。

指定第一个角点或[倒角(C)/标高(E)/圆角(F)/厚度(T)/宽度(W)]: >>确保状态栏"对象捕捉"(F3)和"对象追踪"(F11)为打开,光标在第一个矩形的右下角点暂停后向右移动,出现追踪矢量,单击一点作为第二个矩形的左下角点,使其与上一个矩形对齐。

（注意:对象追踪是快速而精确绘图的有效方法,要熟练使用）。

指定另一个角点或[面积(A)/尺寸(D)/旋转(R)]:@600,1000 >> 键入" 600,1000 ",回车。

（3）带"圆角"矩形的绘制

命令: >>回车(或空格)(重复执行矩形命令,画第三个矩形)。

命令:_rectang

当前矩形模式:倒角=100.0000×200.0000 >>电脑记忆的上一矩形模式。

指定第一个角点或[倒角(C)/标高(E)/圆角(F)/厚度(T)/宽度(W)]:f >>键入"f",回车,画带圆角的矩形。

指定矩形的圆角半径<100.0000>:150 >>键入"150",回车,设置圆角半径为"150"。

指定第一个角点或[倒角(C)/标高(E)/圆角(F)/厚度(T)/宽度(W)]: >>"对象捕捉"和"对象追踪"处于打开状态,追踪上一图形右下角点,光标暂停后水平向右任意点击。

指定另一个角点或[面积(A)/尺寸(D)/旋转(R)]:@600,1000 >>键入"600,1000"回车,矩形的右上角点。

(4)带"圆角"和"宽度"矩形的绘制

命令: >>回车(或空格)(重复执行矩形命令,画第四个矩形)。

命令:_rectang

当前矩形模式:圆角=150.0000 >>电脑记忆的上一矩形模式,已设置了圆角。

指定第一个角点或[倒角(C)/标高(E)/圆角(F)/厚度(T)/宽度(W)]:w >>键入"w"回车,画带线宽的矩形。

指定矩形的线宽<0.0000>:50 >>键入"50",回车,矩形线宽为50 mm。

指定第一个角点或[倒角(C)/标高(E)/圆角(F)/厚度(T)/宽度(W)]: >>同样追踪矩形的左下角点。

指定另一个角点或[面积(A)/尺寸(D)/旋转(R)]:@600,1000 >>矩形的右上角点。

(5)恢复画第一个矩形

命令:rectang

当前矩形模式:圆角=150.0000 宽度=50.0000 >>需要将圆角半径改为"0",宽度改为"0"。

指定第一个角点或[倒角(C)/标高(E)/圆角(F)/厚度(T)/宽度(W)]:f >>键入"f",回车,画带圆角的矩形。

指定矩形的圆角半径<150.0000>:0 >>键入"0",回车,设置圆角半径为"0"。

指定第一个角点或[倒角(C)/标高(E)/圆角(F)/厚度(T)/宽度(W)]:w >>键入"w",改变线宽。

指定矩形的线宽<50.0000>:0 >>键入"0",线宽改为0。

指定第一个角点或[倒角(C)/标高(E)/圆角(F)/厚度(T)/宽度(W)]: >>追踪上一图形右下角点,合适位置点矩形左下角点。

指定另一个角点或[面积(A)/尺寸(D)/旋转(R)]:@600,1000 >>键入"600,1000"回车,矩形的右上角点。

技能训练

（1）用"矩形"或"多边形"以及"对象捕捉追踪"等命令完成如图 2.23 所示的图形。

（2）用矩形、偏移、删除等命令绘制如图 2.24 所示的图形。

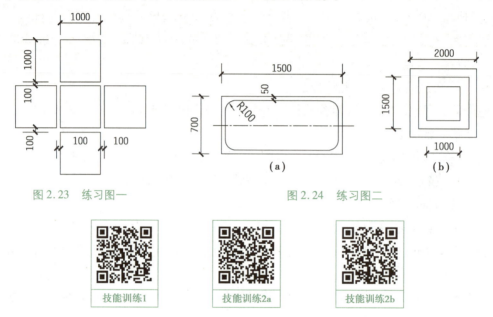

图 2.23　练习图一　　　　　　　　图 2.24　练习图二

任务 2.3　绘制造型顶

2.3.1　任务描述与分析

1）任务描述

利用绘图命令【圆】、【椭圆】、【直线】和修改命令【旋转】、【阵列】（环形阵列）、【修剪】完成如图 2.25 所示的造型顶。

2）任务分析

图 2.25　造型顶

①绘制 3 个同心圆，学习新的绘图命令【圆】，练习【对象捕捉】的"圆心"（也可用前面讲到的定距偏移完成后 2 个圆）。

②绘制中间两条斜直线，练习【对象捕捉】的"象限点"，学习新的修改命令【旋转】。

③绘制一组（2 个）椭圆，学习新的绘图命令【椭圆】，练习【对象追踪】。

④将一组椭圆阵列为 8 组环绕的椭圆，学习新的修改命令【阵列】中的"环形阵列"。

绘制造型顶

⑤将 8 个大椭圆之间的圆部分剪掉,学习【修剪】修改命令。

2.3.2　绘图步骤与解析

造型顶的绘图步骤如图 2.26 所示。

1)绘制同心圆

绘制同心圆,如图 2.26(a)所示。

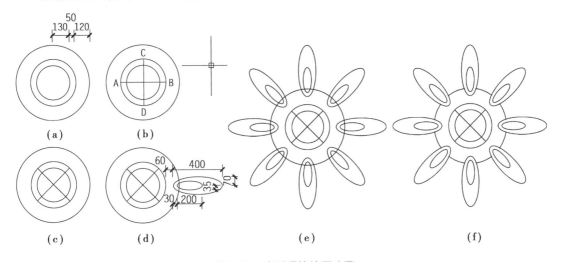

图 2.26　造型顶的绘图步骤

调用【圆】(C)命令。命令行提示如下:

命令:_circle 指定圆的圆心或[三点(3P)/两点(2P)/相切、相切、半径(T)]:>>任意点击圆心位置。

指定圆的半径或[直径(D)]<1007.2811>:130 >>键入"130"回车,画半径为 130 mm 的圆。

命令:>>空格(重复画圆命令)。

CIRCLE 指定圆的圆心或[三点(3P)/两点(2P)/相切、相切、半径(T)]:>>勾选【对象捕捉】的"圆心",并在打开状态,光标从圆滑向内侧,点击捕捉到的圆心点,画同心圆。

指定圆的半径或[直径(D)]<130.0000>:180 >>键入半径"180",回车,画半径为 180 mm 的圆。

命令:>>空格(重复画圆命令)。

CIRCLE 指定圆的圆心或[三点(3P)/两点(2P)/相切、相切、半径(T)]:>>重复点同心圆的圆心。

指定圆的半径或[直径(D)]<180.0000>:300 >>键入半径"300",回车,画半径为 300 mm 的圆。

2)绘制直线、旋转直线

绘制直线、旋转直线如图 2.26(b)、(c)所示。

①设置【对象捕捉】的"象限点",并在打开状态,绘制直线 AB 和 CD,ABCD 四点为圆的象限点,如图 2.26(b)所示。

②用【旋转】命令将 AB 和 CD 直线旋转 45°,如图 2.26(c)所示。

【旋转】命令的调用方法:单击"修改"工具栏的图标 ↻;点击下拉菜单的"修改→旋转";输入命令"Rotate(Ro)"。命令行提示如下:

命令:_rotate

UCS 当前的正角方向:ANGDIR=逆时针 ANGBASE=0

选择对象:指定对角点:找到 2 个 >>选择 AB 和 CD 直线 2 个对象。

选择对象: >>回车,结束选择对象。

指定基点: >>点击 AB 和 CD 的"交点"或"中点"。

指定旋转角度,或[复制(C)/参照(R)]:45 >>键入"45",回车,所选对象逆时针旋转45°。(注意:当输入负值时,对象将顺时针旋转。)

3)绘制 2 个椭圆[图 2.26(d)]

【椭圆】命令的调用方法:单击"绘图"工具栏的图标 ⬭;点击下拉菜单的"绘图→椭圆";输入命令"Ellipse(EL)"。命令行提示如下:

命令:_ellipse

指定椭圆的轴端点或[圆弧(A)/中心点(C)]:<对象捕捉追踪开>60 >>追踪中间圆的右"象限点",向右引出光标,键入"60"回车,此时光标指向大椭圆左侧象限点。

指定轴的另一个端点:400 >>向右引出光标,键入"400"回车,确定了椭圆的长轴。

指定另一条半轴长度或[旋转(R)]:70 >>键入"70"回车,确定了椭圆另一轴的半轴长度。

命令:_ellipse>> 空格,重复命令。

指定椭圆的轴端点或[圆弧(A)/中心点(C)]:30 >>追踪大椭圆左侧"象限点",向右引出光标,键入"30"回车,此时光标指向小椭圆左侧象限点。

指定轴的另一个端点:200 >>同上。

指定另一条半轴长度或[旋转(R)]:35 >>同上。

4)环形阵列生成 8 组椭圆

环形阵列生成 8 组椭圆,如图 2.26(e)所示。

环形阵列命令:修改工具栏 ⊞⊞ ~ ⬚ 中最后图标 ⬚;点击下拉菜单的"修改→阵列→

环形阵列"。

　　具体操作如下：

　　命令：_arraypolar

　　选择对象：找到 2 个 >>选择已绘的 2 个椭圆。

　　选择对象：>>回车，结束选择。

　　类型＝极轴　关联＝是

　　指定阵列的中心点或［基点（B）/旋转轴（A）］：>>点击圆的中心（即 AB 与 CD 的交叉点）。

　　输入项目数或［项目间角度（A）/表达式（E）］<4>:8 >>输入"8"，生成 8 个。

　　指定填充角度（＋＝逆时针、－＝顺时针）或［表达式（EX）］<360>：>>输入"360"，填充 360°。

　　按 Enter 键接受或［关联（AS）/基点（B）/项目（I）/项目间角度（A）/填充角度（F）/行（ROW）/层（L）/旋转项目（ROT）/退出（X）］>>回车。

5）修剪 8 个大椭圆之间的圆上部分弧线

　　【修剪】命令调用方法：单击"修改"工具栏的图标 ✚；点击下拉菜单的"修改→修剪"；输入命令"Trim（T）"。命令行提示如下：

　　命令：_trim

　　当前设置：投影＝UCS，边＝无

　　选择剪切边…

　　选择对象或<全部选择>：找到 1 个 >>点选一个大椭圆，下同。

　　……

　　选择对象：找到 1 个，总计 8 个

　　选择对象：>>回车，结束选择对象，如图 2.27（a）所示。注意：对于 8 个椭圆的选择，可用"快速选择"的方法。详见本节命令拓展。

　　选择要修剪的对象，或按住 Shift 键选择要延伸的对象，或［栏选（F）/窗交（C）/投影（P）/边（E）/删除（R）/放弃（U）］：>>拾取框点大椭圆之间的圆部分，剪掉该部分，如图 2.27（b）、（c）所示。

　　选择要修剪的对象，或按住 Shift 键选择要延伸的对象，或

　　［栏选（F）/窗交（C）/投影（P）/边（E）/删除（R）/放弃（U）］：>>同样将其他 7 个大椭圆之间的圆部分剪掉，完成图形。

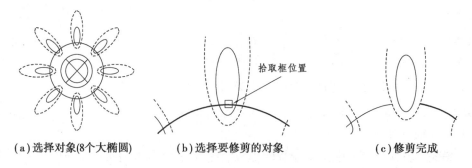

(a)选择对象(8个大椭圆)　　**(b)选择要修剪的对象**　　**(c)修剪完成**

图 2.27　修剪 8 个大椭圆之间的圆上部分弧线

2.3.3　命令拓展

1)快速选择

当具有某一相同特性的对象比较多,且在视图中比较分散时,要同时选择所有对象很麻烦,此时可以用"快速选择"方式来进行选择。对于造型顶的 8 个大椭圆的选择,可采用快速选择的方法。但要注意,先选择对象,再输入【修剪】命令。

单击下拉菜单【工具】/【快速选择】,在"快速选择"对话框中(图 2.28)将"对象类型"设定为"椭圆",将"特性"设定为"短轴半径","运算符"为"= 等于","值"设定为"70",就可完成对 8 个大椭圆的选择。但要注意的是先选对象,再执行【修剪】命令。命令提示直接进入"被修剪对象"的选择。

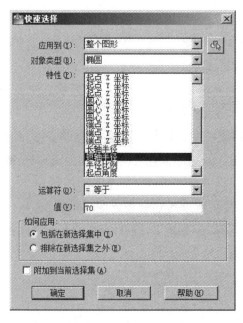

快速选择

图 2.28　"快速选择"8 个大椭圆的对话框

2）修剪

（1）互为剪切边和被修剪对象的修剪

【修剪】命令可以修剪对象，使它们精确地终止于由其他对象定义的边界。对象既可以作为剪切边，也可以是被修剪的对象。如图 2.29 所示，要将左图【修剪】为右图结果，选择对象时选择椭圆和两边 2 条直线，椭圆和直线互为剪切边。

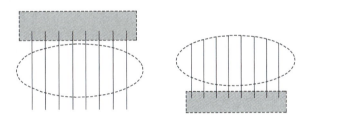

（a）修建前　　　　　　　（b）结果　　　　　　（c）过程：选择对象（剪切边）

图 2.29　互为剪切边和被修剪对象的修剪

（2）点选和窗选相结合选择剪切边和修剪对象

修剪若干个对象时，使用不同的选择方法有助于选择当前的剪切边和修剪对象。在上例中，可利用交叉选择选定被修剪对象（图 2.30），再点选椭圆的左右部分。

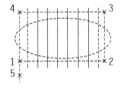

图 2.30　两次交叉选择被修剪对象　　　　　图 2.31　栏选被修剪对象

（3）栏选被修剪对象

此例也可以栏选一系列修剪对象（图 2.31）。

选择要修剪的对象，或按住 Shift 键选择要延伸的对象，或[栏选（F）/窗交（C）/投影（P）/边（E）/删除（R）/放弃（U）]：f >>键入"f"回车，执行"栏选"。

指定第一个栏选点：>>点击图中"1"点。

指定下一个栏选点或[放弃（U）]：>>依次点击图中 2、3、4、5 点，回车，完成图形修剪。

3）延伸

【延伸】--命令与【修剪】--命令用法极为相似。【延伸】是将不够长的线条延伸到某对象边界，【修剪】是将超长的线条被某边界剪短。

执行命令中，先选择对象，它们都选择的是作为边界的对象，后选择要【延伸】/【修剪】的对象。

【延伸】命令中提示:"选择要延伸的对象,或按住 Shift 键选择要修剪的对象,或[栏选(F)/窗交(C)/投影(P)/边(E)/放弃(U)]:"。

【修剪】命令中提示:"选择要修剪的对象,或按住 Shift 键选择要延伸的对象,或[栏选(F)/窗交(C)/投影(P)/边(E)/放弃(U)]:"。可以看出不论是【修剪】还是【延伸】都可同时进行修剪和延伸操作。

如将图 2.32(a)中选择"线 3"为边界,将"线 1"修剪,将"线 2"延伸,处理为如图 2.32(b)所示的形状。方法如下:

(1)用【延伸】命令

命令行提示"选择对象"时,选"线 3";

命令行提示"选择要延伸的对象,或按住 Shift 键选择要修剪的对象,或⋯"时,点"线 2",然后按住 Shift 键点"线 1"。

(2)用【修剪】命令

命令行提示"选择对象"时,也选"线 3";

命令行提示"选择要修剪的对象,或按住 Shift 键选择要延伸的对象,或⋯"时,点击"线 1",然后按住 Shift 键点击"线 2"。

4)圆

绘制如图 2.33 所示的圆。

①先绘制竖向【直线】。

圆

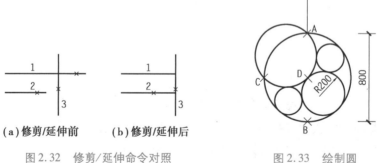

(a)修剪/延伸前　　　(b)修剪/延伸后

图 2.32　修剪/延伸命令对照　　　　图 2.33　绘制圆

②"2P"方式画直径为 800 mm 的圆。输入【圆】(C)的命令,命令行提示如下:

CIRCLE 指定圆的圆心或[三点(3P)/两点(2P)/切点、切点、半径(T)]:2p >>输入"2P"回车,用"两点"方式画圆。

指定圆直径的第一个端点: >>点击 A 点。

指定圆直径的第二个端点:800 >>光标向下引,输入"800"回车。

③"3P"方式画通过 A、C、D 三点的圆(A、C 为圆的象限点,D 为圆心)。

命令:CIRCLE 指定圆的圆心或[三点(3P)/两点(2P)/切点、切点、半径(T)]:3p >> 回 车,重复圆命令,输入"3P"回车。

　　指定圆上的第一个点：>>点击"A"点(A、C、D 三点不分先后)。

　　指定圆上的第二个点：>>点击"C"点。

　　指定圆上的第三个点：>>点击"D"点。

　　④"切点、切点、半径"方式。

命令:CIRCLE 指定圆的圆心或[三点(3P)/两点(2P)/切点、切点、半径(T)]:t >>回车,重复圆命令,输入"t"回车。

　　指定对象与圆的第一个切点：>>点击一圆右下方"递延切点"。

　　指定对象与圆的第二个切点：>>点击另一圆右下方"递延切点"。

　　指定圆的半径<282.8427>:200 >>输入"200"回车。

　　⑤"相切、相切、相切"方式画 2 个小圆。点击下拉菜单的"绘图→圆→相切、相切、相切"。

命令:_circle 指定圆的圆心或[三点(3P)/两点(2P)/切点、切点、半径(T)]:_3p 指定圆上的第一个点:_tan 到 >>点击一个圆(递延切点)。

　　指定圆上的第二个点:_tan 到 >>点击第二个圆(递延切点)。

　　指定圆上的第三个点:_tan 到 >>点击第三个圆(递延切点),三个圆不分先后。

　　重复点击下拉菜单的"绘图→圆→相切、相切、相切"。同样画另一个小圆。

技能训练

1. 用直线、圆、圆弧、矩形、偏移、修剪、延伸、环形阵列等命令完成如图 2.34 所示的图形。

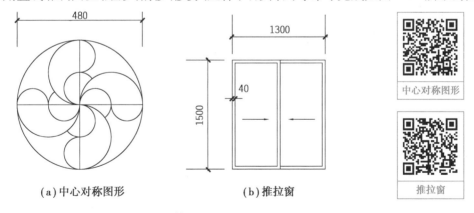

（a）中心对称图形　　　　　　　　（b）推拉窗

图 2.34　练习图一

　　2. 用矩形、圆、直线、移动、修剪、删除、椭圆等命令完成如图 2.35 所示的洗脸盆和大便器。

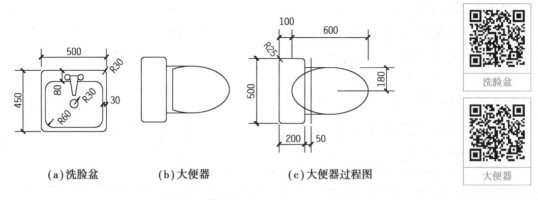

(a)洗脸盆 (b)大便器 (c)大便器过程图

图 2.35 练习图二

任务2.4 绘制图形并标注尺寸

尺寸标注是一种常用的图形注释,是工程图样的重要组成部分,对标注的基本要求除内容正确外,特别要注意遵守建筑制图标准和有关专业标准。

2.4.1 任务描述与分析

1)任务描述

如图 2.36 所示的几何图形出图比例为 1:100。要求如下:
①按 1:1 的比例绘制图形。
②按建筑制图标准创建标注样式。
③标注相应的尺寸。

2)任务分析

绘制图形:按图形标注的尺寸,用直线命令从左上角逆时针绘制外轮廓,竖直与水平线分段绘制,以方便圆心的绘制;通过圆心和半径来绘制圆,学习新命令【圆】。

尺寸标注:在建筑工程图纸中,常用的尺寸标注一般有线性标注、半径标注、直径标注和角度标注,这些尺寸标注在本任务中均有反映(图 2.37)。图中线性标注(水平)、线性标注(竖直)、对齐标注、连续标注和基线标注是不同的标注方法,均属于线性标注样式。按建筑制图标准,线性标注各部分在 AutoCAD 中的名称如图 2.38 所示。

一个完整的尺寸标注包括创建尺寸标注样式、尺寸标注和尺寸编辑等过程。本任务需要先新建一个用于 1:100 出图比例的标注样式"100"(名称自定),然后以这种样式进行标注和编辑。

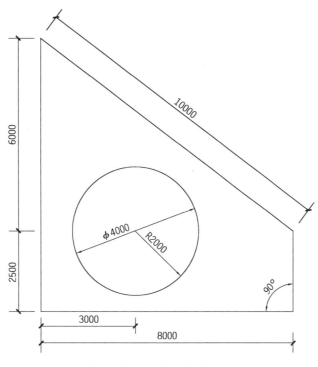

图 2.36　几何图形及其尺寸

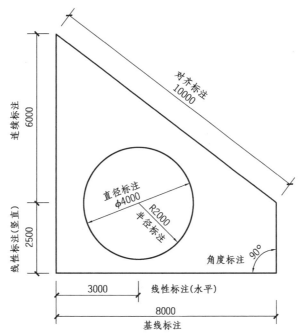

图 2.37　工程中常用的尺寸标注

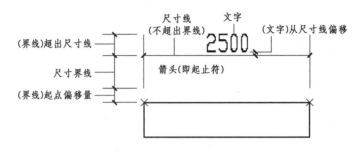

图 2.38　AutoCAD 中建筑尺寸标注各部分的名称

2.4.2　绘图步骤与解析

1)绘制图形

绘制图形如图 2.39 所示。

绘制图形

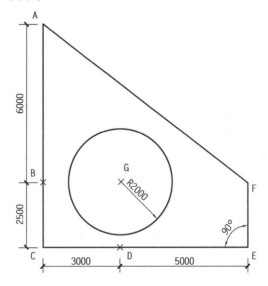

图 2.39　绘制图形相关尺寸

(1)绘制外轮廓

命令：_line 指定第一点：>>点击 A 点。

指定下一点或[放弃(U)]:6000 >>光标向下引方向(极轴打开),输入"6000",回车,绘制 B 点。

指定下一点或[放弃(U)]:2500 >>光标向下引方向(极轴打开),输入"2500",回车,绘制 C 点。

指定下一点或[闭合(C)/放弃(U)]:3000 >>光标向右引方向(极轴打开),输入"3000",回车,绘制 D 点。

指定下一点或[闭合(C)/放弃(U)]:5000 >>光标向右引方向(极轴打开),输入"5000"

回车,绘制 E 点。

指定下一点或[闭合(C)/放弃(U)]: >>追踪 B 点,向右引出,与竖向极轴线的交点,点击一下绘制 F 点。

指定下一点或[闭合(C)/放弃(U)]:c >>输入"c",回车,轮廓闭合。

(2)绘制圆

【圆】命令调用方法:点击"绘图"工具栏的图标⊙;点击下拉菜单的"绘图→圆";输入命令"Circle(C)"。命令行提示如下:

命令:_circle 指定圆的圆心或[三点(3P)/两点(2P)/相切、相切、半径(T)]: >>追踪 B 点向右引出,追踪 D 点向上引出,在交点(×)处点击圆心 G。

指定圆的半径或[直径(D)]:2000 >>输入"2000",回车。

2)创建标注样式"100"

创建尺寸标注样式的目的是保证标注的图形中的各个尺寸形式相同、风格一致、符合国家标准。定义尺寸样式可以通过"标注样式管理器"对话框(图 2.40)来设置。调用"标注样式管理器"对话框的方法有:下拉菜单:"格式→标注样式…"或"标注→标注样式…";"标注"工具栏最右侧的 ✍ 图标;命令"DIMSTYLE"(d)。

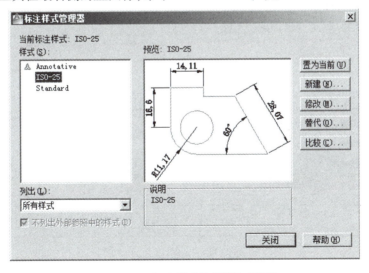

图 2.40　"标注样式管理器"对话框

点击样式下的"ISO-25",点击"新建",弹出"标注样式管理器"对话框,在"新样式名"下将样式名改为"100"(图 2.41),点击"继续",弹出"新标注样式:100"对话框,可对标注样式进行修改。

如果已经建有标注样式,需要对其中的某项进行修改,可以在"标注样式管理器"对话框中点击(修改)按钮。

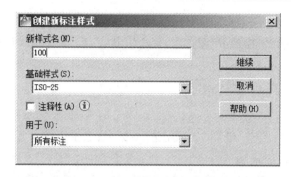

图 2.41 "创建新标注样式"对话框

（1）"线"项修改

"线"项修改如图 2.42 所示。

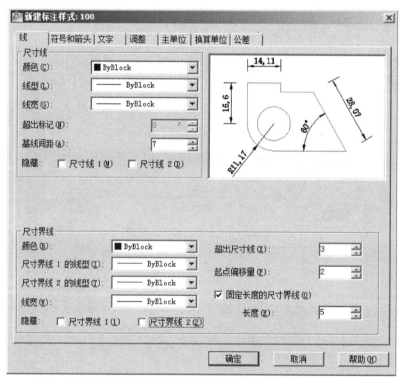

图 2.42 "线"项修改

点击对话框内第一行的第一项"线"。

①尺寸线下方"基线间距"改为"7"。建筑一般不用基线标注，可不管此项。

②尺寸界线下方"超出尺寸线"改为"3"。

③尺寸界线下方"起点偏移量"改为"2"。

④尺寸界线下方勾选"固定长度的尺寸界线"，将下面长度改为"5"。当尺寸线与标注的图形相距较远时，选此项可防止尺寸界线太长而影响其他图形。

（2）"文字"项修改（图 2.43）

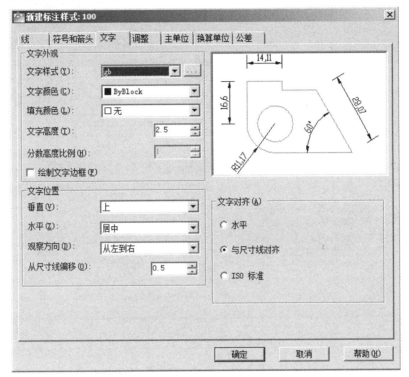

图 2.43　"文字"项修改

点击对话框内第一行的第三项"文字"。

①"文字样式"用"gb"（字体为 gbcbig. shx）。

②"从尺寸线偏移"改为"0.5"。

（3）"调整"项修改

"调整"项修改如图 2.44 所示。

点击对话框内第一行的第四项"调整"。

①"文字位置"下方选"尺寸线上方,不带引线"。

②"标注特征比例"的"使用全局比例"改为"100"。

将标注样式中的各符号大小扩大 100 倍,如前面设置的文字高度为"2.5",标注的字高将调整为"250"。这样在 1∶100 出图时,将图形和文字符号都缩小为 1/100,正好符合建筑制图标准。

（4）"主单位"项修改（图 2.45）

点击对话框内第一行的第五项"主单位"。

将"线性标注"下,"小数"的"精度"改为"0"。其他项不修改。

标注样式对话框中各项修改完毕后,点击"确定",返回"标注样式管理器"。新创建的样式"100"在左上方有显示,如图 2.46 所示。

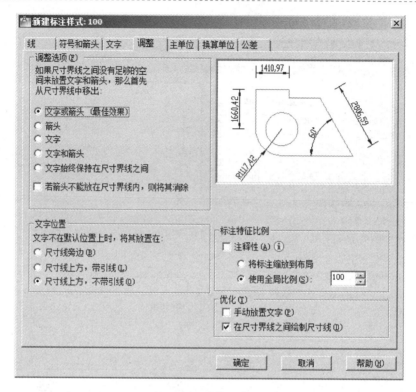

图 2.44 "调整"项修改

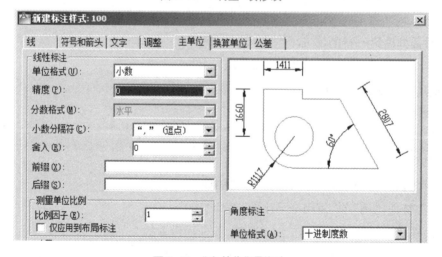

图 2.45 "主单位"项修改

(5)创建"副本 100"并修改"符号与箭头"项

在图 2.46 中点击左上方的"100",再点击"新建"按钮,弹出"创建新标注样式"对话框,如图 2.47 所示,在"用于"下方的下拉列表中点击"线性标注"(注意:线性标注时改箭头为起止符)。

点击"继续"按钮,弹出对话框,只修改"符号与箭头"项(图 2.48)。

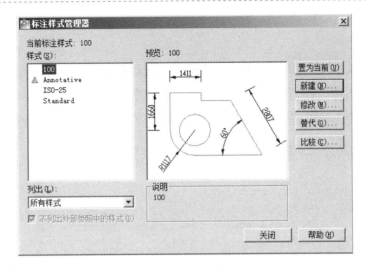

图 2.46 已建"100"的标注样式

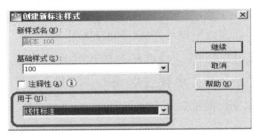

图 2.47 给标注样式"100"创建用于"线性标注"的新标注样式

①点击"箭头"下方"第一个"下面的下拉列表,选"建筑标记";"第二个"自动改为"建筑标记"。

②将"箭头大小"改为"1"。

修改完毕,单击"确定"按钮,返回"标注样式管理器"对话框,在样式列表中可见"100"下方创建了副本"线性",如图 2.49 所示。

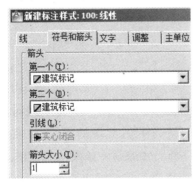

图 2.48 "100:线性"修改
"符号和箭头"项

图 2.49 样式"100"的副本
"线性"显示在样式列表中

3)尺寸标注

创建完尺寸标注样式之后,就可以参照图 2.39 进行尺寸标注。

调出"标注"工具栏(图 2.50),将标注样式"100"置为当前。

图 2.50　"标注"工具栏

(1)线性标注

线性标注可以是水平、竖直、对齐或旋转的,图中的连续标注和基线标注都会使用线性标注样式。

①用"水平"和"基线"标注水平尺寸"3000"和"8000"。

尺寸标注

a."线性"标注水平尺寸"3000"。线性标注的尺寸只能是水平的或竖直的。AutoCAD 调用"线性"命令的方法有三种:命令"dimlinear";下拉菜单:"标注→线性";"标注"工具栏图标 ⊢ 。命令行提示如下:

命令:_dimlinear

指定第一条尺寸界线原点或<选择对象>: >>点击图中 C 点。

指定第二条尺寸界线原点: >>点击图中 D 点。

创建了无关联的标注。

指定尺寸线位置或[多行文字(M)/文字(T)/角度(A)/水平(H)/垂直(V)/旋转(R)]: >>点击尺寸线的位置,或键入"H"回车,保证是水平而非竖直,再点击尺寸线的位置。

标注文字=3000 >>自动测到并标注。

b."基线"标注"8000"。基线标注的尺寸是以同一基线为基准的多个标注。基线标注之前必须已存在线性标注、角度标注。

点击"标注"工具栏图标 ⊢ 。命令行提示如下:

命令:_dimbaseline

指定第二条尺寸界线原点或[放弃(U)/选择(S)]<选择>: >>点击"E"点。此时 AutoCAD 自动搜索到上一个尺寸的第一条尺寸界线,并以此为下一个尺寸界线的起点,直接指定第二条尺寸界线的端点来形成一个尺寸。如果不采用上一个尺寸的第一条尺寸界线的端点作为下一个尺寸界线的起点,则按回车键进行选择,此时提示"选择基线标注:"来选择要作为界线标注系列的尺寸。

标注文字=8000 >>自动标注尺寸。

指定第二条尺寸界线原点或[放弃(U)/选择(S)]<选择>:U >>键入"U"放弃继续标注,

或回车两次。如果是多个标注,可继续点击第二条尺寸界线原点,"选择"项可选择其他需要进行基线标注的尺寸。

②用"线性"和"连续"标注竖直尺寸。

a."线性"标注竖直尺寸"2500",方法同上。命令行中提示的"指定第一条尺寸界线原点"和"指定第二条尺寸界线原点"分别点击"C"点和"B"点,向左引尺寸线位置,即竖向标注"2500"。

b."连续"标注"6000"。标注连续型链式尺寸。点击"标注"工具栏图标 ꟷꟷꟷ 。命令行提示如下:

命令:_dimcontinue

指定第二条尺寸界线原点或[放弃(U)/选择(S)]<选择>: >>点击"A"点。其他选项同"界线"标注。

标注文字=6000 >>自动测到并标注。

指定第二条尺寸界线原点或[放弃(U)/选择(S)]<选择>:U >>键入"U"放弃继续标注。

③用"对齐"标注斜向尺寸"10000"。

在对齐标注中,尺寸线与尺寸界线原点的连线平行。对齐标注与线性标注的方法类似。命令调用方法有三种:命令"Dimaligned";下拉菜单:"标注→对齐";"标注"工具栏图标 ↖ 。命令行提示如下:

命令:_dimaligned

指定第一条尺寸界线原点或<选择对象>: >>点击"A"点。

指定第二条尺寸界线原点: >>点击"F"点。

指定尺寸线位置或[多行文字(M)/文字(T)/角度(A)]: >>点击尺寸线的位置。

标注文字=10000 >>自动测到并标注。

(2)角度标注

命令调用方法有三种:命令"DimAngular";下拉菜单:"标注→角度";"标注"工具栏图标 △ 。命令行提示如下:

命令:_dimangular

选择圆弧、圆、直线或<指定顶点>: >>点击线"DE"。

选择第二条直线: >>点击线"EF"。线"DE"和线"EF"的选择不分先后。

指定标注弧线位置或[多行文字(M)/文字(T)/角度(A)/象限点(Q)]: >>点击内角适合的位置。点击外角会标注"270"。

标注文字=90 >>自动测到并标注。

(3)半径标注

命令调用方法有三种:命令"DimRadius";下拉菜单:"标注→半径";"标注"工具栏图标 ⊙ 。命令行提示如下:

命令：_dimradius

选择圆弧或圆：>>点击圆上一点。注意此点也作为标注半径箭头的位置。

标注文字＝2000>>自动测到。

指定尺寸线位置或[多行文字(M)/文字(T)/角度(A)]：>>点击尺寸文字的合适位置。

(4)直径标注

用于标注直径尺寸。标注方法与半径标注类似。命令调用方法有三种：命令"DimDame-ter"；下拉菜单："标注→直径"；"标注"工具栏图标 ⊘。命令行提示如下：

命令：_dimdiameter

选择圆弧或圆：>>点击圆上一点。此点也作为标注直径一个箭头的位置。

标注文字＝4000>>自动测到。

指定尺寸线位置或[多行文字(M)/文字(T)/角度(A)]：>>点击尺寸文字的合适位置。

4)尺寸编辑

尺寸编辑

对于已经标注好的尺寸,为了使图面美观,常常需要编辑；或者由于设计的调整或变更,需要对图形和尺寸一起编辑。用户可以用夹点编辑和标注编辑命令两种模式来编辑尺寸。

(1)夹点编辑

夹点编辑是修改标注最快、最简单的方法,是在选择尺寸标注和标注对象,利用对象显示的夹点对尺寸标注进行编辑。点击尺寸标注,显示尺寸标注的夹点。

通过尺寸标注的夹点可以对尺寸线位置、文字位置尺寸界线引出位置进行修改,如图2.51(a)所示。

①选择(再点击一下夹点)"A"夹点或"B"夹点,上下移动光标可改变尺寸线的位置,如图2.51(b)所示。

②选择"C"夹点或"D"夹点,可改变尺寸界线原点的位置。上下移动可改变尺寸界线的长度,如图2.51(c)所示；左右移动可改变尺寸的大小,如图2.51(d)所示。

③选择文字上的夹点,移动光标可改变文字的位置,如图2.51(e)所示。

(2)标注编辑命令

①编辑标注,用于修改或编辑已有的尺寸对象。单击"标注"工具栏 ⊿,或输入命令"Dimedit"。命令行提示：

输入标注编辑类型[默认(H)/新建(N)/旋转(R)/倾斜(O)]<默认>：

其中"默认(H)""新建(N)"旋转(R)"三项影响标注文字的编辑；"倾斜(O)"作用于尺寸界线,此项也可从"下拉菜单→倾斜"中直接调用。使用"编辑标注"命令可同时修改多个标注对象。各选项的含义如图2.52所示。

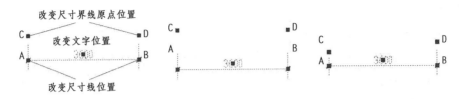

(a)尺寸标注的夹点及其作用　(b)选择A(B)改变尺寸线位置　(c)选择C点向下改变尺寸界线长度

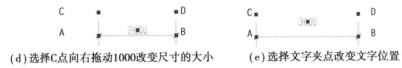

(d)选择C点向右拖动1000改变尺寸的大小　(e)选择文字夹点改变文字位置

图 2.51　通过夹点编辑尺寸标注

②编辑标注文字。该命令主要用来编辑单独存在关联尺寸标注文字的位置和方向。可移动和旋转标注文字。

单击"标注"工具栏 ，或输入命令"Dimtedit"。命令行提示：

选择标注：

指定标注文字的新位置或[左(L)/右(R)/中心(C)/默认(H)/角度(A)]：

各选项的含义如图 2.53 所示。

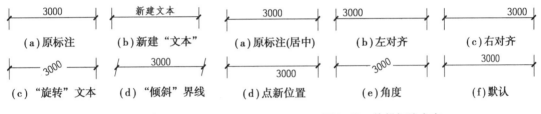

| (a)原标注 | (b)新建"文本" | (a)原标注(居中) | (b)左对齐 | (c)右对齐 |

(c)"旋转"文本　(d)"倾斜"界线　(d)点新位置　(e)角度　(f)默认

图 2.52　编辑标注的效果　　　　　　图 2.53　编辑标注文字

（3）标注更新

当重新设置了尺寸标注的标注样式、文字样式以及单位等特性时，又想让已存在的标注也作出相应的改动，可使用标注更新。利用当前标注变量、样式、文字样式和单位的设置来重新生成多个关联标注对象。

单击下拉菜单：标注→更新，或"标注"工具栏 ，选择要更新的对象即可。

2.4.3　命令拓展

1）查询距离

在绘制图形时，有时需要查询两点之间的距离、线段倾角（与 X 轴正向的夹角）、两点之间的坐标增量等信息，可通过【距离】命令来实现。如查询如图 2.54 所示的 A、B 两点

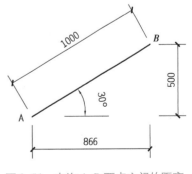

图 2.54　查询 A、B 两点之间的距离

之间的距离。

【距离】命令的调用方法有:点击下拉菜单的"查询→距离";点击"查询"工具栏的图标 ;在命令行输入命令"Dist"(Di)。调用命令后,命令行提示及操作如下:

命令:'_dist 指定第一点:>>点击图中 A 点。

指定第二点:>>点击图中 B 点。

距离=1000,XY 平面中的倾角=30,与 XY 平面的夹角=0

X 增量=866,Y 增量=500,Z 增量=0

查询

2)查询面积

查询面积命令可以查询由若干点所确定的区域(或由闭合对象构成的区域)的面积和周长,还可以对面积进行加减运算,如图 2.55 所示。

(1)查询一个闭合区域的面积

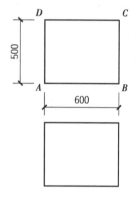

图 2.55　面积累加

【面积】命令的调用方法有:点击下拉菜单的"查询→面积";点击"查询"工具栏的图标 ；在命令行输入命令"Area"。调用命令后,命令行提示及操作如下:

方法一:用若干点构建的区域查询面积

命令:_area

指定第一个角点或[对象(O)/加(A)/减(S)]:>>点击图中 A 点。

指定下一个角点或按 ENTER 键全选:>>点击图中 B 点。

指定下一个角点或按 ENTER 键全选:>>点击图中 C 点。

指定下一个角点或按 ENTER 键全选:>>点击图中 D 点。

指定下一个角点或按 ENTER 键全选:>>回车。

面积=300000,周长=2200 >>系统自动查询的面积与周长。

方法二:由闭合对象形成的区域查询面积

命令:_area

指定第一个角点或[对象(O)/加(A)/减(S)]:o >>键入"o",回车。

选择对象:>>点击矩形 ABCD,回车。

面积=300000,周长=2200 >>系统自动查询的面积与周长。

(2)累加面积

调用【面积】命令后,命令行提示及操作如下:

命令:_area

指定第一个角点或[对象(O)/加(A)/减(S)]:a >>键入"a",回车。

指定第一个角点或[对象(O)/减(S)]:o >>键入"o",回车。

("加"模式)选择对象:>>点击第一个矩形。

面积＝300000,周长＝2200

总面积＝300000

("加"模式)选择对象: >>点击第二个矩形。

面积＝300000,周长＝2200

总面积＝600000

("加"模式)选择对象: ＊取消＊ >>按 Esc 键退出。

面积的减法运算与加法类似(略)。

技能训练

完成如图 2.56 所示的图形绘制、标注和查询,具体如下:

(1)分别用圆和直线命令绘制图形;

(2)查询图中距离并进行尺寸标注;

(3)分别对它们进行面积查询,再进行加法运算。

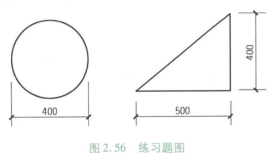

图 2.56　练习题图

任务 2.5　绘制出入口平立面图

2.5.1　任务描述和分析

1)任务描述

图 2.57 是出入口平面图和立面图,平面图要求设置墙体线宽为 0.35 mm。立面图门框、横档、竖梃宽度都为 50 mm,门扇格大小相等。绘制要求如下:

①利用【直线】、【多段线】、【圆弧】、【移动】、【偏移】等命令绘制平面图;

②利用【直线】、【复制】、【合并】、【夹点】(移动)(拉伸)、【圆弧】、【多线编辑】、【偏移】、【矩形】、【定数等分】、【阵列】、【镜像】等命令完成立面图绘制;

③标注尺寸。

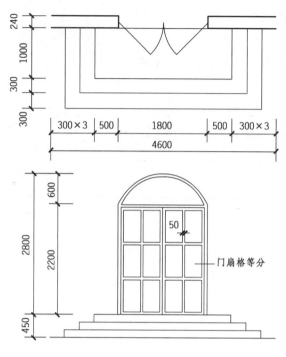

图 2.57　出入口平立面图

2)任务分析

出入口平面图由带门的墙段和台阶组成;立面图由下部的台阶和门组成。

平面图:绘制带门的墙段时,先绘制显示宽度的左侧墙段和居墙中的细直线,学习"特性"工具栏的使用;再绘制左侧一扇门,学习新的绘图命令【圆弧】;然后将门和墙镜像到右侧,并将直线向下移动位置,学习新的修改命令【移动】,完成墙和门的绘制。绘制台阶时先用绘制平台,学习新的绘图命令【多段线】;然后偏移生成台阶。

立面图:立面图先通过追踪定位左下角点;然后绘制一个踏步,将踏步进行复制,学习新的修改命令【复制】,形成 3 个踏步;将左侧踏步镜像到右侧,将踏步水平线左右相连,学习新的修改命令【合并】;最后绘制立面门,先绘制一扇门,学习新命令【分解】、【定数等分】、【阵列】等,再将门镜像形成两扇门。

2.5.2　平面图绘图步骤与解析

出入口平面图的绘图步骤如图 2.58 所示。

绘制出入口平面图

1)绘制平面墙段和直线

①绘制线宽为"0.40 mm"的墙段。在"特性工具条"中点击"线宽控制",选"0.40 mm",如图 2.59(a)所示。打开屏幕下方"状态栏"的【线宽】,绘制直线,可显示线宽为 0.40 mm 的

墙段,如图2.59(b)所示。

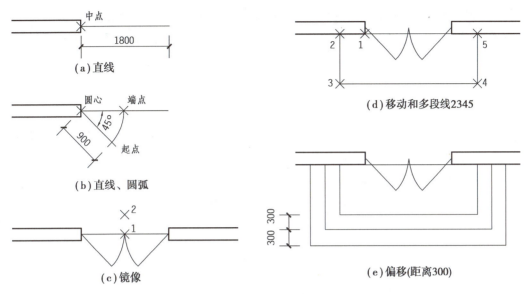

（a）直线

（b）直线、圆弧

（c）镜像

（d）移动和多段线2345

（e）偏移(距离300)

图2.58　出入口平面图的绘图步骤

（a）在"特性工具条"中设置线宽　　　　　　（b）显示墙段线宽

图2.59　绘制墙段

②在"特性工具条"中点击"线宽控制",选"Bylayer"（随层）或"默认"。

③绘制水平【直线】长1 800 mm,起点为墙右侧中点。

2)绘制一扇门

参照图2.58(b)绘制左扇门。

（1）绘制门的"-45°"斜线

起点仍为墙段右侧中点,下一点输入"900<-45"。下一点可以通过"极轴追踪"快速绘制的方法:右击状态栏的"极轴",勾选"45"（图2.60）。在输入下一点时,光标向大致右下方引出,自动追踪315°（极轴追踪按45°增加）,键入"900",按回车键。

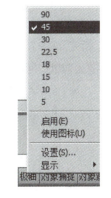

图2.60　右击"极轴"勾选"45"

（2）绘制【圆弧】

【圆弧】命令的调用方法:点击下拉菜单的"绘图→圆弧→选项";点击"绘图"工具栏的图标 ；输入命令"Arc(A)"。

点击下拉菜单的"绘图→圆弧→圆心、起点、端点",命令行提示如下:

命令:_arc 指定圆弧的起点或[圆心（C）]:_c 指定圆弧的圆心: >>点击圆心。

指定圆弧的起点：>>点击起点。

指定圆弧的端点或[角度(A)/弦长(L)]：>>点击端点(即直线的中点)。

注意：圆弧的起点和端点应按逆时针方向确定,否则交换起点和端点,圆弧会画成315°的圆弧。

3)镜像门

用【镜像】命令 将左侧墙和门镜像到右侧,如图2.58(c)所示。选择对象时用包含窗口(从左到右),选择除1 800 mm长直线的所有对象;

"镜像线的第一点"：点击图中"1"点;

"镜像线的第二点"：点击图中"2"点,打开状态栏"正交"(F8)或"极轴",向上下任点击一点。注意打开"正交"后光标只能水平和垂直移动。

4)向下移动1 800 mm长水平线

【移动】命令的调用方法：点击"修改"工具栏的图标 ;点击下拉菜单的"修改→移动";输入命令"Move(M)"。命令行提示如下：

命令：_move

选择对象：找到1个 >>点击选图2.58(c)中的水平直线。

选择对象：>>回车,完成选择对象。

指定基点或[位移(D)]<位移>：>>点击门斜线的左上端点。

指定第二个点或<使用第一个点作为位移>：>>点击图2.58(d)中"1"点。也可光标向下引,键入"120"回车。

注意："基点"和"第二点"的位移就是所选图形对象的位移。在绘图时要灵活应用"对象捕捉",通过点选对象的特殊点作为"基点"和"第二点",来控制对象的位移,可加快绘图速度。

5)绘制台阶的平台

用【多段线】命令绘制台阶的平台,如图2.58(d)的"U"形"2345",注意图中"1"点是追踪点。

多段线绘制的是一个整体对象,包括多段。在台阶偏移时可直接得到"U"形的台阶线。

【多段线】命令的调用方法：点击"绘图"工具栏的图标 ;点击下拉菜单的"绘图→多段线";输入命令"Pline(PL)"。命令行提示如下：

命令：_pline >>键入PL回车。

指定起点：500 >>【对象捕捉】和【对象追踪】为打开状态,光标在"1"点暂停→向左滑动→键入500→回车,光标指到图中"2"点(注意在"1"点勿点)。

当前线宽为0.0000

指定下一个点或[圆弧(A)/半宽(H)/长度(L)/放弃(U)/宽度(W)]:1000 >>光标向下引,键入"1000",回车,光标指到图中"3"点。

指定下一点或[圆弧(A)/闭合(C)/半宽(H)/长度(L)/放弃(U)/宽度(W)]:2800 >>光标向右引,键入"2800",回车,光标指到图中"4"点。

指定下一点或[圆弧(A)/闭合(C)/半宽(H)/长度(L)/放弃(U)/宽度(W)]: >>向上到墙线,点击极轴交点(极轴打开)或垂足,光标指到图中"5"点。

指定下一点或[圆弧(A)/闭合(C)/半宽(H)/长度(L)/放弃(U)/宽度(W)]: >>回车,结束命令,完成多段线"2345"。点击一下该多段线,可以看到是一个对象。

注意:如果平台以【直线】命令绘制,偏移后需要用【倒角】命令进行修改。

【倒角】命令的使用方法详见本节"命令拓展"。

6)偏移多段线生成台阶

上面多段线2345是一个对象,向外定距300 mm,2次偏移完成台阶,如图2.58(e)。命令行提示如下:

命令:_offset >>执行【偏移】命令。

当前设置:删除源=否　图层=源　OFFSETGAPTYPE=0

指定偏移距离或[通过(T)/删除(E)/图层(L)]<通过>:300 >>输入"300",回车。

选择要偏移的对象,或[退出(E)/放弃(U)]<退出>: >>点选上一步绘制的多段线。

指定要偏移的那一侧上的点,或[退出(E)/多个(M)/放弃(U)]<退出>:m >>输入"m",回车。

指定要偏移的那一侧上的点,或[退出(E)/放弃(U)]<下一个对象>: >>在多段线外侧点击一下。

指定要偏移的那一侧上的点,或[退出(E)/放弃(U)]<下一个对象>: >>再在多段线外侧点击一下。

指定要偏移的那一侧上的点,或[退出(E)/放弃(U)]<下一个对象>:e >>输入"e",回车,退出。

2.5.3　绘制出入口立面图

1)绘制立面台阶

绘制立面台阶

(1)绘制一个踏步

用【直线】命令绘制一步台阶"123"[图2.61(b)]。"1"点要通过追踪图2.61(a)"0"点来绘制。

(2)复制台阶[图 2.61(c)]

【复制】命令的调用方法:单击"修改"工具栏的图标 ；点击下拉菜单的"修改→复制"输入命令"Copy(Co)"。命令行提示如下:

命令:_copy

选择对象:找到 2 个 >>选择直线"12"和"23"。

选择对象: >>回车结束选择对象。

当前设置:复制模式=多个

指定基点或[位移(D)/模式(O)]<位移>: >>点击基点"1"。

指定第二个点或[阵列(A)]<使用第一个点作为位移>: >>点击"3"点。

指定第二个点或[阵列(A)/退出(E)/放弃(U)]<退出>: >>点击"5"点。

指定第二个点或[阵列(A)/退出(E)/放弃(U)]<退出>: >>回车<退出>。

注意:【复制】与【移动】的使用方法相似。"基点"和"第二点"的位移就是复制图形与源图形的位移。在绘图时要灵活应用"对象捕捉",通过点选对象的特殊点作为"基点"和"第二点",来控制复制图形的位置,以加快绘图速度。

(3)镜像左侧台阶并绘制上部水平线[图 2.61(d)]

镜像的对称轴为平面图台阶的中点与竖直线上一点连成的直线。

(4)合并台阶水平直线[图 2.61(e)]

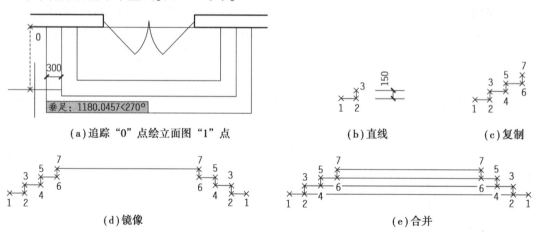

(a)追踪"0"点绘立面图"1"点 (b)直线 (c)复制

(d)镜像 (e)合并

图 2.61 绘制立面台阶

【合并】命令的调用方法:输入命令"Join(J)";单击"修改"工具栏的图标 ；点击下拉菜单的"修改→合并"。命令行提示如下:

命令:_join 选择源对象或要一次合并的多个对象:找到 1 个 >>点击直线"12"。

选择要合并的对象:找到 1 个,总计 2 个 >>点击直线"21"。

选择要合并的对象: >>回车结束。

2 条直线已合并为 1 条直线: >>完成直线"12"、直线"21"的连接。直线"12""21"不分先后。

重复命令将直线"34"和直线"43"合并,将直线"56"和直线"65"合并。

2)绘制门框

绘制门框

(1)【直线】绘制"∩"形外框[图2.62(a)]

其中直线起点8"通过追踪平面图的门洞左侧线绘制。

(2)将外框AC向上移动600 mm[图2.62(b)]

点击AC,选择其中间夹点B,向上移动,输入"600"回车。

(3)通过圆弧的"三点"方式绘制圆弧[图2.62(c)]

该项是圆弧命令的缺省选项,输入【圆弧】命令,命令行提示:

命令:_arc 指定圆弧的起点或[圆心(C)]: >>点击A点。

指定圆弧的第二个点或[圆心(C)/端点(E)]: >>点击B点。

指定圆弧的端点: >>点击C点。

注意:三点要按顺序点。A—B—C 或 C—B—A 均可。

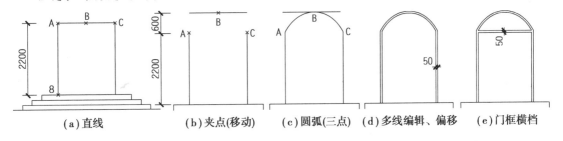

(a)直线　　　　　(b)夹点(移动)　　　(c)圆弧(三点)　(d)多线编辑、偏移　(e)门框横档

图2.62　绘制门框

(4)删除上部直线AC

单击选定直线AC,执行删除操作。

(5)多线编辑[图2.62(d)]

输入命令 PEDIT(PE),命令行提示:

命令:PE >>输入快捷命令"PE"。

PEDIT 选择多段线或[多条(M)]: >>点选一条直线。

选定的对象不是多段线

是否将其转换为多段线? <Y> >>回车,将直线转换为多段线。

输入选项[闭合(C)/合并(J)/宽度(W)/编辑顶点(E)/拟合(F)/样条曲线(S)/非曲线化(D)/线型生成(L)/反转(R)/放弃(U)]:J >>输入"J"回车。

选择对象:指定对角点:找到3个 >>窗选两直线和圆弧。

选择对象: >>回车,结束选择对象。

多段线已增加2条线段

输入选项[闭合(C)/合并(J)/宽度(W)/编辑顶点(E)/拟合(F)/样条曲线(S)/非曲线化(D)/线型生成(L)/反转(R)/放弃(U)]：>>回车。

（6）多线偏移

将合并的多段线向内【偏移】50 mm[图2.62(d)]

（7）绘制门框横档[图2.62(e)]

①通过直线和圆弧交点绘制水平【直线】。

②向下【偏移】50 mm。

绘制门扇

③【修剪】交点。

3）绘制门扇

（1）绘制左侧门扇框[图2.63(a)]

【矩形】左下角点捕捉交点,右上角点捕捉直线中点;将矩形向内【偏移】50 mm。

（2）分解并"夹点"拉伸直线[图2.63(b)]

①将内部矩形【分解】。单击"修改"工具栏的图标🖼或点击下拉菜单的"修改→分解",按命令行提示,选择内部矩形(一个对象)后并回车,即将其分解为四个对象。

②用"夹点"将分解后的左侧线向下拉伸50 mm,下部水平线向左拉伸50 mm。

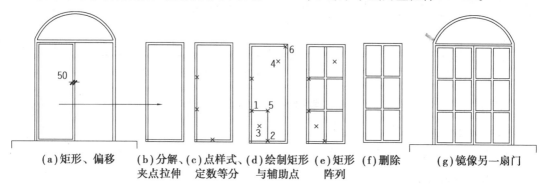

(a)矩形、偏移　　(b)分解、(c)点样式、(d)绘制矩形 (e)矩形 (f)删除　　(g)镜像另一扇门
　　　　　　　　夹点拉伸　定数等分　与辅助点　阵列

图2.63　绘制门扇

（3）设置点样式(图2.64)

点击下拉菜单【格式】→【点样式】→选择"×"→确定。将点的样式设为能在线上看出来的样子均可。

默认的点样式是一个小点,在线上看不出来,此处设置点样式是为了让读者看到点的样子,掌握了点的应用方法后可不设置此条。

（4）定数等分[图2.63(c)]

①用【定数等分】将拉长后的左侧线三等分。

输入命令"Divide"(Div)或点击下拉菜单【绘图】→【点】→【定数等分】。命令行提示如下:

选择要定数等分的对象：>>点击左侧直线。

输入线段数目或［块（B）］:3 >>键入"3"，回车，可见"×"
形等分点。

②将拉长后的水平线二等分（略），或不进行等分，直接利
用直线中点。

（5）绘制矩形分格［图2.63（d）］

绘制一个矩形分格，设置"对象捕捉"的"节点"和"中点"
并打开。通过图中1点（等分点）和2点（中点，即二等分点）
绘制矩形。

（6）绘制辅助点"4"［图2.63（d）］

①绘制点"3"。点击工具栏图标 ，按命令行提示点"3"
（追踪直线15的中点与25的中点的交点处）。

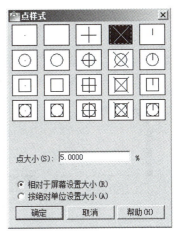

图2.64 设置"点样式"

②将点"3"【复制】到点"4"。"基点"为点"5"，"第二点"为点"6"。

注意：如果已知行偏移（行间距）和列偏移（列间距）的图形，可不用作上面的辅助点"4"，
直接输入行间距和列间距即可。

（7）矩形阵列［图2.63（e）］

输入【矩形阵列】（AR）命令，命令行提示如下：

命令：_arrayrect

选择对象：找到1个 >>点击图中左下角小矩形。

选择对象：>>回车。

类型＝矩形 关联＝是

为项目数指定对角点或［基点（B）/角度（A）/计数（C）］<计数>：>>回车。

输入行数或［表达式（E）］<4>:3 >>输入"3"，回车。

输入列数或［表达式（E）］<4>:2 >>输入"2"，回车。

指定对角点以间隔项目或［间距（S）］<间距>：>>点击图中"4"点。

按Enter键接受或［关联（AS）/基点（B）/行（R）/列（C）/层（L）/退出（X）］<退出>： >>
回车，生成关联的3行2列小矩形。

（8）删除多余对象［图2.63（f）］

删除等分点和分解了的门扇框内侧四条线。

（9）镜像［图2.63（g）］

将左侧门扇【镜像】（或【复制】）到右侧。

2.5.4 命令拓展

1)多段线

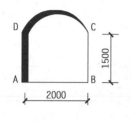

图 2.65 用"多段线"绘制带阴影的窗

任务:用【多段线】(pl)命令绘制如图2.65所示的带阴影的窗,图中包含线宽"200"和"0",有直线和圆弧。

多段线是作为单个对象创建的相互连接的序列线段,可以创建直线段、弧线段或两者的组合线段。绘制多段线的弧线段时,圆弧的起点就是前一条线段的端点。可以指定圆弧的角度、圆心、方向或半径。通过指定一个中间点和一个端点也可以完成圆弧的绘制。

使用"宽度"或"半宽"选项可以设置要绘制的下一条多段线的宽度。零(0)宽度生成设置的最细的线。大于零的宽度生成宽线,如果"填充"模式打开则填充该宽线,如果关闭则只画出轮廓。"半宽"选项通过指定宽多段线的中心到外边缘的距离来设置宽度。

多段线

多段线提供单个直线所不具备的编辑功能。例如,可以调整多段线的宽度和曲率。创建多段线之后,可以使用"多线编辑(PE)"命令对其进行编辑,或者使用【分解】命令将其转换成单独的直线段和弧线段。

绘制过程如下:

命令:_pline

指定起点: >>点击A点。

当前线宽为0.0000

指定下一个点或[圆弧(A)/半宽(H)/长度(L)/放弃(U)/宽度(W)]:2000 >>水平向右引方向,键入"2000"回车。

指定下一点或[圆弧(A)/闭合(C)/半宽(H)/长度(L)/放弃(U)/宽度(W)]:1500 >>向上引方向,键入"1500"回车。

指定下一点或[圆弧(A)/闭合(C)/半宽(H)/长度(L)/放弃(U)/宽度(W)]:w >>键入"W"回车,改变线宽。

指定起点宽度<0.0000>: >>回车,绘制圆弧段的起点为"0"宽,端点为"200"宽。

指定端点宽度<0.0000>:200 >>键入"200"回车。

指定下一点或[圆弧(A)/闭合(C)/半宽(H)/长度(L)/放弃(U)/宽度(W)]:A >>键入"A"回车,改画圆弧。

指定圆弧的端点或[角度(A)/圆心(CE)/闭合(CL)/方向(D)/半宽(H)/直线(L)/半径(R)/第二个点(S)/放弃(U)/宽度(W)]:A >>键入"A"回车,确定圆弧的角度。

指定包含角:135 >>键入"135"回车。注意:如果是绘制180°的角度可不用此步和上一步,系统默认 180°。

指定圆弧的端点或[圆心(CE)/半径(R)]：>>点击 D 点。

指定圆弧的端点或[角度(A)/圆心(CE)/闭合(CL)/方向(D)/半宽(H)/直线(L)/半径(R)/第二个点(S)/放弃(U)/宽度(W)]:L >>键入"L"回车,改画直线。

指定下一点或[圆弧(A)/闭合(C)/半宽(H)/长度(L)/放弃(U)/宽度(W)]:C >>键入"C"回车,闭合图形。

2) 倒角

(1)用直线命令绘制平台的台阶处理

在本任务前面绘制台阶时,用【多段线】命令绘制平台,偏移后即生成完整的踏步。如果用【直线】命令绘制平台,【偏移】台阶仍为直线,需要用【倒角】命令加以处理。

任务:用【直线】命令绘制平台,如图 2.66(a)所示,定距 300 mm【偏移】平台线后得到的踏步线如图 2.66(b)所示,然后用【倒角】命令处理台阶。

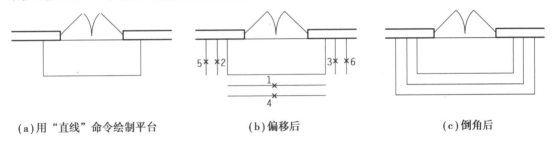

(a)用"直线"命令绘制平台　　　　(b)偏移后　　　　(c)倒角后

图 2.66　用直线命令绘制平台的台阶处理步骤

【倒角】命令的调用方法有:单击"修改"工具栏的图标；点击下拉菜单的"修改"→"倒角";在命令行键入命令"Chamfer"(cha)。执行命令后,命令行提示及操作如下:

命令:_chamfer

("修剪"模式)当前倒角距离 1=0,距离 2=0 >>默认选项为"修剪",两个对象的倒角距离都是 0。可以通过选项"距离"(D)来改变两边的倒角距离(与绘制矩形时设置倒角距离类似)。

选择第一条直线或[放弃(U)/多段线(P)/距离(D)/角度(A)/修剪(T)/方式(E)/多个(M)]:m >>键入"m",回车,选择"多个"。

选择第一条直线或[放弃(U)/多段线(P)/距离(D)/角度(A)/修剪(T)/方式(E)/多个(M)]：>>点击"线 1"。

选择第二条直线,或按住 Shift 键选择要应用角点的直线：>>点击"线 2"。

选择第一条直线或[放弃(U)/多段线(P)/距离(D)/角度(A)/修剪(T)/方式(E)/多个(M)]：>>点击"线 1"。

选择第二条直线,或按住 Shift 键选择要应用角点的直线：>>点击"线 3"。

...... >>同样点击"线4"和"线5",点击"线4"和"线6"。完成【倒角】操作的台阶如图2.66(c)所示。

(2)其他选项的说明和示例

任务:绘制如图2.67(a)所示的【矩形】,并【复制】3个,将复制的3个矩形分别修改为图2.67(b)、(c)、(d)所示的形状。

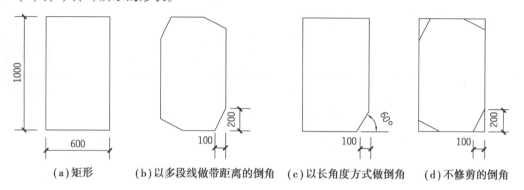

(a)矩形　　　(b)以多段线做带距离的倒角　(c)以长角度方式做倒角　(d)不修剪的倒角

图2.67　倒角的不同处理方式

①以多段线做带距离的倒角,如图2.67(b)所示。

CHAMFER

("修剪"模式)当前倒角距离1=0.0000,距离2=0.0000 >>当前倒角环境描述。

选择第一条直线或[放弃(U)/多段线(P)/距离(D)/角度(A)/修剪(T)/方式(E)/多个(M)]:D >>键入"D"并回车,设置倒角距离。

指定第一个倒角距离<0.0000>:100 >>键入"100"并回车。

指定第二个倒角距离<100.0000>:200 >>键入"200"并回车。

选择第一条直线或[放弃(U)/多段线(P)/距离(D)/角度(A)/修剪(T)/方式(E)/多个(M)]:P >>键入"P"并回车,对多段线(矩形)进行倒角。

选择二维多段线: >>点选矩形。

4条直线已被倒角 >>一次操作多段线所有的角。

②以角度方式做倒角,如图2.67(c)所示。

("修剪"模式)当前倒角距离1=100,距离2=200 >>当前倒角环境描述,默认上一次。

选择第一条直线或[放弃(U)/多段线(P)/距离(D)/角度(A)/修剪(T)/方式(E)/多个(M)]:A >>键入"A"并回车,选择长度和角度的方式。

指定第一条直线的倒角长度<0.0000>:100 >>键入"100"并回车,设置长度。

指定第一条直线的倒角角度<0>:60 >>键入"60"并回车,设置角度。

选择第一条直线或[放弃(U)/多段线(P)/距离(D)/角度(A)/修剪(T)/方式(E)/多个(M)]: >>点击矩形下边线。

选择第二条直线,或按住Shift键选择要应用角点的直线: >>点击矩形右边线。

③以距离方式做不修剪的倒角,如图2.67(d)所示。

("修剪"模式)当前倒角长度=100.0000,角度=60 >>当前倒角环境描述:"修剪"的"角度"方式。

选择第一条直线或[放弃(U)/多段线(P)/距离(D)/角度(A)/修剪(T)/方式(E)/多个(M)]:E >>键入"E"并回车,改变方式。

输入修剪方法[距离(D)/角度(A)]<角度>:D >>键入"D"并回车,选择"距离"的方式。

选择第一条直线或[放弃(U)/多段线(P)/距离(D)/角度(A)/修剪(T)/方式(E)/多个(M)]:P >>键入"P"并回车,改为对多段线(矩形)进行倒角。

选择二维多段线: >>点选多段线(矩形)。

4条直线已被倒角 >>一次对多段线中4条直线进行倒角,且不修剪。

注意:对于多段线可以按多段线一次操作所有角,也可以将其看作简单对象来处理一个角。

3)圆角

任务:绘制如图2.68(a)所示的矩形,并【复制】3个,将复制的3个矩形加上圆角,如图2.68(b)、(c)、(d)的形状。

圆角

【圆角】命令的调用方法有:单击"修改"工具栏的图标 ;点击下拉菜单的"修改"→"圆角";在命令行键入命令"Fillet"(f)。执行命令后,命令行提示及操作如下:

①倒一个设半径的圆角,如图2.68(b)所示。

命令:_fillet

当前设置:模式=修剪,半径=0.0000 >>当前圆角环境描述。

选择第一个对象或[放弃(U)/多段线(P)/半径(R)/修剪(T)/多个(M)]:R >>键入"R"并回车,设置圆角半径。

指定圆角半径<0.0000>:200 >>键入"200"并回车,设置圆角半径为200 mm。

选择第一个对象或[放弃(U)/多段线(P)/半径(R)/修剪(T)/多个(M)]: >>点击矩形下边线。

选择第二个对象,或按住Shift键选择要应用角点的对象: >>点击矩形右边线。

②按多段线倒圆角,如图2.68(c)所示。

当前设置:模式=修剪,半径=200.0000

选择第一个对象或[放弃(U)/多段线(P)/半径(R)/修剪(T)/多个(M)]:P >>键入"P"并回车,按多段线倒圆角。

选择二维多段线: >>点击矩形。

4条直线已被圆角 >>多段线的所有直线都倒圆角。

③倒不修剪的圆角,如图2.68(d)所示。

在选项"修剪(T)"中设置"不修剪",再按图2.68(c)操作。

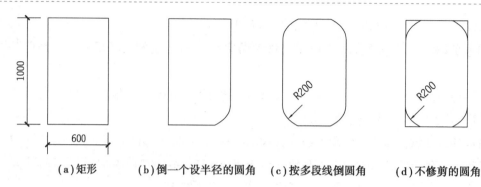

(a)矩形　　　　(b)倒一个设半径的圆角　　(c)按多段线倒圆角　　(d)不修剪的圆角

图2.68　"圆角"的使用

【圆角】与【倒角】的操作方法非常相似,其选项"放弃、多段线、修剪、多个"用法一样。

4)复制

复制

任务:用直线和【复制】命令绘制如图2.69所示的10个踏步,每个踏步的踏面宽为300 mm,踢面高为150 mm。

①首先用【直线】命令绘制一个踏步,即绘制直线 AB、BC(图2.70)。

②将一个踏步【复制】为10个。

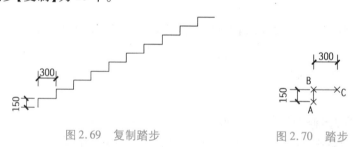

图2.69　复制踏步　　　　　　图2.70　踏步

调用【复制】命令:输入命令"CO"回车或点击修改工具栏图标，命令行提示如下:

命令:_copy

选择对象:指定对角点:找到2个 >>选择已绘的一个踏步(两条直线)。

选择对象: >>回车,结束选择。

当前设置:复制模式=多个

指定基点或[位移(D)/模式(O)]<位移>: >>点击图2.70的 A 点。

指定第二个点或[阵列(A)]<使用第一个点作为位移>:a >>输入"a"回车,执行"阵列"。

输入要进行阵列的项目数:10 >>输入"10"回车。

指定第二个点或[布满(F)]: >>点击图2.70的 C 点。

指定第二个点或[阵列(A)/退出(E)/放弃(U)]<退出>: >>回车,即生成10个踏步。

技能训练

1.用直线、复制、矩形、偏移、修剪等命令完成图 2.71 所示的楼梯剖面。

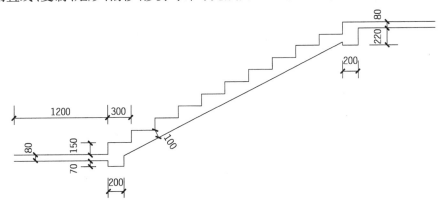

图 2.71　练习图一

2.用圆、环形阵列、多段线、矩形、偏移、修剪、圆弧、镜像等命令完成图 2.72 所示的图形。

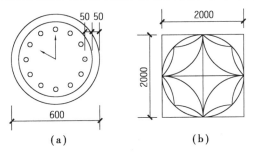

（a）　　　　　　　　　（b）

图 2.72　练习图二

3.用矩形、点的定数等分、直线、矩形阵列等命令完成图 2.73 所示的图形。

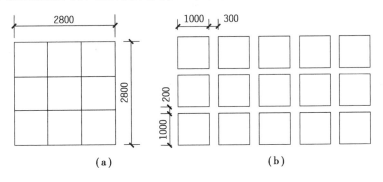

（a）　　　　　　　　　（b）

图 2.73　练习图三

| 楼梯 | 技能训练2a | 技能训练2b | 技能训练3a | 技能训练3b |

任务2.6 绘制图框并创建和插入块

2.6.1 任务描述及分析

1) 任务描述

如图2.74所示的3号图纸,标题栏尺寸放大显示在图框内,粗线宽度为0.40 mm。

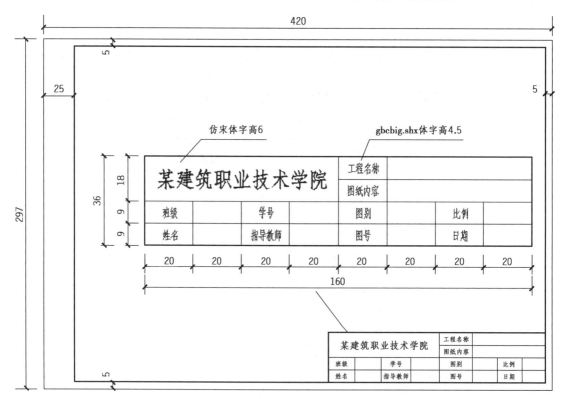

图2.74 A3标准图纸的大小

①绘制 A3 图幅和图框。

②绘制标题栏。

③将3号图纸存块,块文件名为"A3"。

④将块文件"A3"按100倍的比例插入文件中。

2）任务分析

该任务包括绘制图形、绘制标题栏、创建块文件和插入块四个子任务。

绘制图形时先绘制外框的【矩形】，再【偏移】和【拉伸】形成内框，学习新命令【拉伸】。

标题栏采用【表格】绘制，学习创建"表格样式"和设置表格的方法。

绘制好图框和标题栏后，为它们创建"块"文件，并按比例插入当前文件中，学习新命令【创建块】和【插入块】。

2.6.2　绘图步骤与解析

绘制图框

1）绘制图框

（1）矩形和偏移

绘制图形时先绘制 420 mm×297 mm 的矩形外框，然后将其向内偏移 5 mm，形成内框，并改变内框的线宽为 0.40 mm，如图 2.75 所示。

（2）矩形夹点拉伸（图 2.76）

点击内部矩形，四边中点位置处各有一个夹点，点选左边中间夹点，向右引方向，键入"20"，回车，将左边距"5"修改为"25"，如图 2.76 所示。

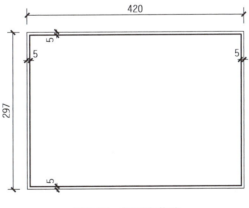

图 2.75　矩形和偏移

2）创建标题栏表格（图 2.77）

创建表格首先要按照标题栏新建"表格样式"，然后创建表格，如图 2.78（a）所示，再使用"特性"工具栏调整行高，并按图 2.78（b）合并单元。

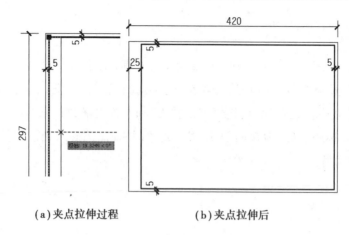

(a)夹点拉伸过程　　　　　(b)夹点拉伸后

图 2.76　矩形夹点拉伸

标题栏表格

在"表格样式"对话框中点击"新建"(图 2.80)。

在"创建新的表格样式"对话框中将"新样式名"改为"1",点击"继续"(图 2.81)。

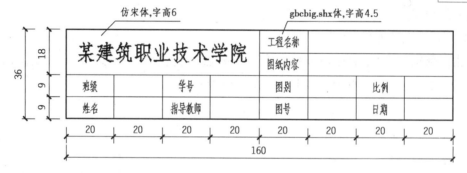

图 2.77　标题栏表格

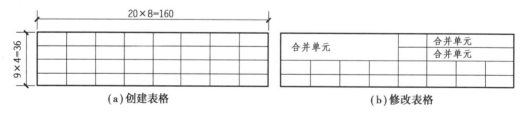

(a)创建表格　　　　　　　(b)修改表格

图 2.78　标题栏表格

(1)新建"表格样式 1"

【表格】(table)命令调用方法:单击绘图工具栏图标▦或点击下拉菜单的"绘图→表格…",弹出如图 2.79 所示的"插入表格"对话框。点击对话框中表格样式右侧的▣(启动"表格样式"对话框)。

在"新建的表格样式:1"中的"单元样式"下选"数据",修改如下:

点击"常规",将"对齐"修改为"正中"[图 2.82(a)]。

点击"文字",点击"文字样式"后的"▼"选为"gb"(字体为 gbcbig. shx)[图 2.82(b)]。

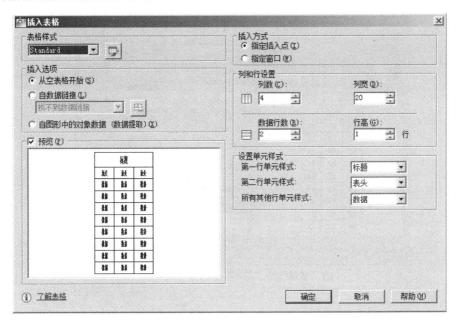

图 2.79　在"插入表格"对话框中点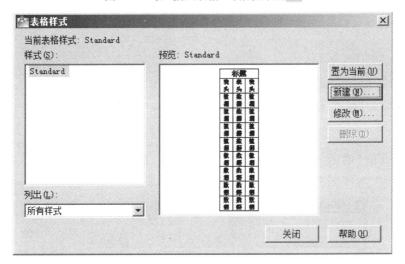

图 2.80　在"表格样式"对话框中点"新建"

图 2.81　在"创建新的表格样式"对话框中"新样式名"改为"1"，点击"继续"

点击"边框"，将"线宽"修改为"0.40 mm"，点击 ☐(外边框)[图 2.82(c)]。

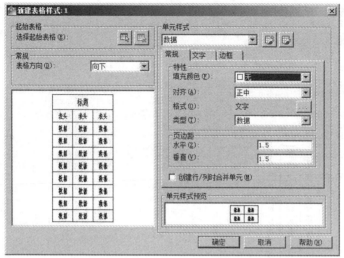

(a) "常规" — "对齐" 修改为 "正中"

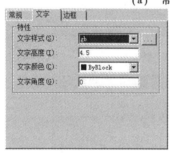 

(b) "文字" — "文字样式" 修改为 "gb"　(c) "边框" — "线宽" 修改为 "0.40 mm" —点击 ▢（外边框）

图 2.82　"数据" 各项样式修改

　　修改完毕点击"确定"。返回"表格样式"对话框,点击"样式"下的"1",点击"置为当前",点击"关闭",如图 2.83 所示。

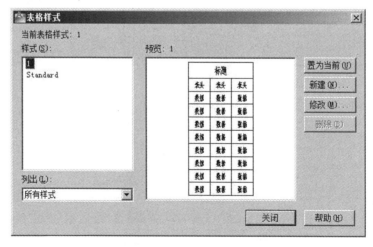

图 2.83　将样式"1"—"置为当前"—"关闭"

（2）设置表格参数，插入表格

在"插入表格"对话框中设置参数（图2.84）："列数"为"8"，"列宽"为"20"，"数据行数"为"2"，"行高"为"1"。"设置单元样式"下面的3行都修改为"数据"，最后点击"确定"。

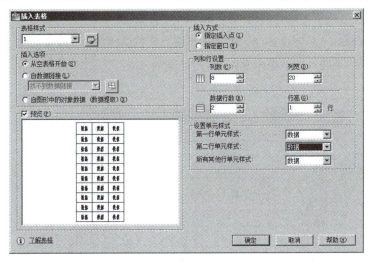

图2.84 设置表格参数

命令行提示"指定插入点"，点击图框内一点，点击"确定"，先插入表格。

（3）修改表格

①修改行高。单击表格第一行任一单元格，然后单击"下拉菜单—修改—特性"，或按快捷键"Ctrl+1"，弹出"特性"工具栏，修改"单元高度"为"9"（图2.85）。在屏幕内点一下，可以看到表格第一行高度变化。

图2.85 "特性"工具栏修改"单元高度"

②合并单元。窗选1—2行和A—D列的8个单元,单击 ⊞· 并按"全部"方式合并。继续窗选1—2行和F—H列的6个单元,单击 ⊞· 并"按行"方式合并,如图2.86所示。

(4)输入文字

双击标题栏左上角单元格。弹出"文字格式"对话框,修改文字样式(字体为"T 仿宋"),修改字高为"6",修改右下角"宽度因子"为"0.9"(也可先输入文字,再选择后修改"宽度因子"),在表格中输入文字"某建筑职业技术学院"。按键盘的"←↑↓→"键可变化单元格,书写其他文字(图2.87)。

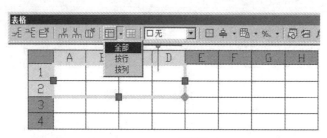

(a)窗选要合并的单元,单击 ⊞· 并按"全部"方式合并

(b)窗选要合并的单元,单击 ⊞· 并"按行"方式合并

图2.86 合并单元

(a)输入"某建筑职业技术学院"(仿宋字体,高6 mm)

(b)输入其他文字(gbcbig字体,高4.5 mm)

图2.87 在单元中输入文字

3）为图框创建块并插入块

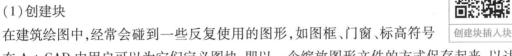
创建块插入块

（1）创建块

在建筑绘图中，经常会碰到一些反复使用的图形，如图框、门窗、标高符号等。在 AutoCAD 中用户可以为它们定义图块，即以一个缩放图形文件的方式保存起来，以达到反复使用的目的。用户可以根据实际需要将图块按所需的缩放比例和旋转角度插入指定的位置，也可以对插入的图块进行删除、复制等编辑。

创建块的方式有两个：写块（WBloke）和定义块（Bloke）。写块是将图块单独以文件（*.dwg）形式存盘，可以将该文件插入不同的文件中，成为公共的图块。定义块是在当前图形文件中创建的图块，只能在当前文件中使用，不能被其他图形引用。方法类似，这里介绍"写块"（W）。

在命令行中输入"W"并回车，弹出"写块"对话框，如图 2.88 所示。

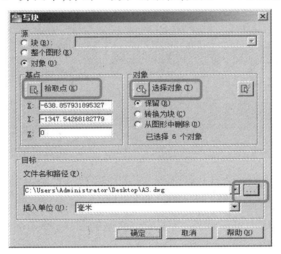

图 2.88　"写块"对话框

"源"选项下的"块"单选按钮及下拉列表框：将已有的图块（定义块）进行写块（另存盘）；"整个图形"单选按钮：将整个当前文件进行图块存盘；"对象"单选按钮：在当前文件中将选择的对象进行图块存盘。本任务选择"对象"。

在"基点"选项组中单击"拾取点"前的拾取按钮，在屏幕上点击图框的左下角点，该点是以后图形插入时的插入点。

在"对象"选项组中单击"选择对象"前的拾取按钮，在屏幕上框选块对象，即"A3"图框整体；下方的"保留"单选按钮，表明在用户创建完图块后，将继续保留这些对象；"转换为块"单选按钮，表明在用户创建完图块后，将自动把这些构成图块的对象转换为一个图块；"删除"单选按钮，表明在用户创建完图块后，将删除这些构成图块的对象。

"目标"选项提供了图块的文件名和路径，用户可以在文本框内输入存盘的路径和文件名,也可以点击后面的▭按钮,在弹出的"浏览图形文件"对话框中设置存盘的路径和文件名。

（2）插入块

创建图块的目的是重复利用图块。【插入块】就是将已创建的图块插入当前文件中。

调用【插入块】的方法有:单击"绘图"工具栏的图标▯;在命令行输入命令"Insert"(I)并回车。调用命令后,弹出如图 2.89 所示的"插入"对话框。点击"浏览(B)..."选择已创建的块文件"A3",在"比例"下勾选"统一比例",并在"X"处键入"100"。单击"确定"按钮后命令行提示"指定插入点",点取屏幕上某点,将"A3"图框按 100 倍不旋转的方式插入在当前文件中。

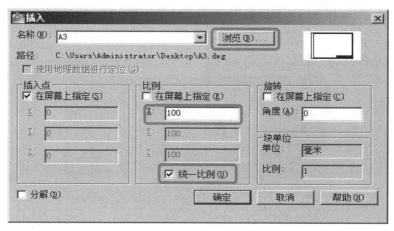

图 2.89 "插入"对话框

"插入"对话框说明:

在"名称"下拉列表框中可以选择"定义块"创建的图块;单击名称后的▭▭▭,可以选择"写块"创建的图块。

在"插入点"选项中,一般选择"在屏幕上指定",将创建块时的"基点"对应单击屏幕上的某点。

在"比例"选项中输入插入块的比例,即将创建的图块缩放的倍数,"统一比例"即 X、Y、Z 方向比例一致。

在"旋转"选项中选择"在屏幕上指定",表明用户在将在命令行中直接输入图块的旋转角度,不选"在屏幕上指定",用户可在"角度"文本框中输入角度以确定图形插入时的旋转角度。

2.6.3 命令拓展

任务:重新绘制 A3 图框,【矩形 420×297】,向内【偏移】5 mm,通过【拉伸】命令,将内框左竖线向右拉伸 20 mm。

拉伸

【拉伸】命令的调用方法:单击"修改"工具栏的图标;在命令行键入"S"。调用命令后,命令行提示如下:

以交叉窗口或交叉多边形选择要拉伸的对象...

选择对象:指定对角点:找到 2 个 >>交窗选择对象,如图 2.90 所示。

选择对象: >>回车。

指定基点或[位移(D)]<位移>: >>任意点击一点。

指定第二个点或<使用第一个点作为位移>:20 >>光标向右引,键入

图 2.90　拉伸图框的对象选择

"20"后回车。

使用【拉伸】命令的注意事项:

①选择对象时,要用"交窗选取"选择对象(右到左)。

②将拉伸交窗部分包含的对象(图中的线"m"会拉伸,因为它的 1 个端点被包含)。

③将移动完全包含在交窗中的对象(如线"p"会移动,因为它的 2 个端点全包含)。

④对象中间部分包围在交窗中,将保持不动(如线"n"不动,因为它的 2 个端点都不被包含)。

⑤要拉伸对象,首先为拉伸指定一个基点,然后指定位移点。

技能训练

1.用直线、矩形、圆、圆弧、偏移、拉伸、镜像、修剪等命令完成如图 2.91 所示的图形。

2.绘制如图 2.92 所示的标高符号和指北针,不标注尺寸,将它们分别创建图块,并放大 100 倍插入当前文件中。

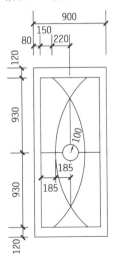

图 2.91　练习图一

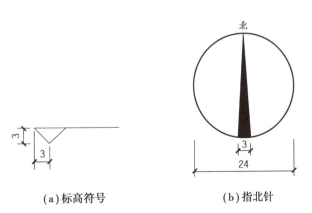

(a)标高符号　　　　(b)指北针

图 2.92　练习图二

3. 绘制如图 2.93 所示的门窗表。

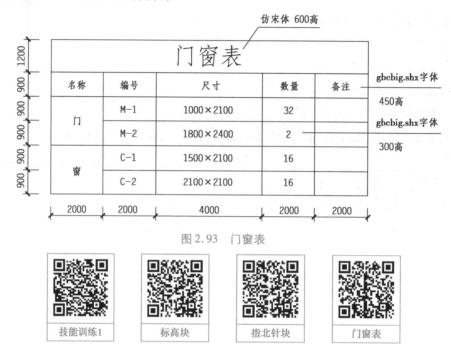

图 2.93　门窗表

| 技能训练1 | 标高块 | 指北针块 | 门窗表 |

项目 3　绘制建筑平面图

项目导学:本项目以绘制办公楼的建筑平面施工图为例,介绍首层平面图、标准层平面图和顶层平面图的绘制步骤和方法。按照轴线→墙体→门窗→楼梯、阳台→图形标注的步骤绘制标准层平面图;首层和顶层平面图的绘制方法是复制标准层平面图,然后再进行修改。

任务 3.1　绘制标准层平面图

3.1.1　任务描述与分析

1)任务描述

按建筑制图规范绘制某办公楼标准层平面图(图3.1)。

2)任务分析

打开一张新图,设置适合的图形界限,绘制平面图时先根据平面图上对象的特点设置图层,然后依次绘制轴线→墙体→门窗→楼梯、阳台等设施,绘制完图形后再进行尺寸、文字和符号等的标注。

本办公楼平面图的特点是上下、左右大致对称。绘图方法如下:
①绘制全部轴线。
②先绘制左上方三个房间的墙体、门窗,处理楼梯间外墙和窗。
③将左上方图形镜像到左下方,绘制走道窗 C-2。
④将绘制好的左侧图形镜像到右侧。
⑤绘制与修改图形局部:增加楼梯、雨篷,修改展示区外墙及窗、女厕、会议室房间等部位。
⑥图形标注:尺寸标注、文字标注和标高等符号标注。

3.1.2　设置图层

形象地说,一个图层就像一张透明图纸,可以在不同的透明图纸上分别绘制不同的实体,再将这些透明图纸叠加起来,从而得到最终复杂图形。在屏幕上所看到的图形,实际上是由若干层图形叠加的结果。如在平面图中,把墙体分为一层,门窗分为一层,标注分为一层,不同的图层通过不同的颜色、线型和线宽来区分,这样可以方便绘图和看图、提高绘图质量,易于管理绘图信息。

设置图层

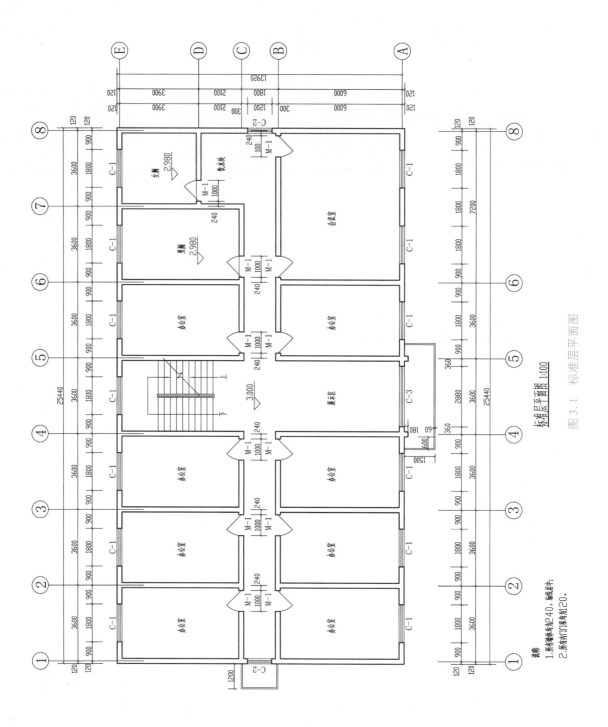

标准层平面图 1:100

图 3.1 标准层平面图

说明:
1. 所有墙体均为240, 轴线居中;
2. 所有内门垛均为120。

1）图层的设置

本例创建"尺寸、楼梯、门窗、墙体、文字、轴线、阳台"等图层，如图 3.2 所示。图层的颜色自定；轴线的线型为点画线，其余为连续线（默认）；墙体的线宽为粗线，设为 0.50 mm 宽，其余默认。

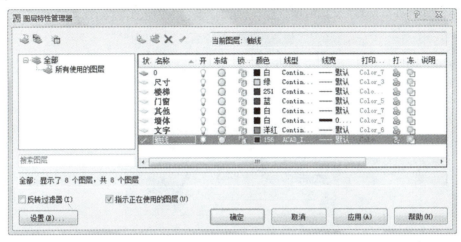

图 3.2　设置好的图层

【图层】命令的调用方法有：点击下拉菜单的"格式→图层"；单击"图层"工具栏上的" "（图 3.3），或在命令行输入"Layer"（La）。启动图层命令后，弹出"图层特性管理器"对话框。在该对话框中可以创建新图层、删除图层和管理图层。

图 3.3　"图层"工具栏

（1）创建新图层

在"图层特性管理器"对话框中单击 （新建）按钮，一个新图层"图层 1"将出现在图层显示窗口中，此时"图层 1"的层名处于活动状态，可改变层名为"轴线"。重复以上操作，新建其他图层。图层创建后可在任何时候新建图层和更改图层的名称。

如果多次单击 按钮，图层显示依次列出"图层 1"，…，"图层 n"。再点击图层名，也可依次更改图层名。

注意：图层名称没有大小写字母之分，中文、英文均可；如果用户在创建新图层时，图层显示在窗口中存在一个选定图层，则新图层将沿用选定图层的特性。

（2）删除图层

在绘图过程中，用户可随时删除一些不用的图层。其方法是选择要删除的图层，然后单击" "（删除）按钮即可。但要注意的是，不能删除 0 层、当前层、外部引用所在层以及包含有对象的图层。

(3)设置图层颜色

默认的各图层颜色为白色(或黑色),若要改变图层颜色,在"图层特性管理器"对话框中,选中要设置颜色的图层,单击图层中的颜色图标,AutoCAD 弹出一个"选择颜色"对话框。在对话框中选择所需的颜色,单击"确定"按钮即可。如将"尺寸"图层设为绿色,单击轴线行的颜色按钮,在"颜色选择"对话框中选绿色,单击"确定"按钮即可(图3.4)。

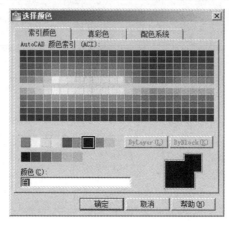

图 3.4 "选择颜色"对话框

注意:在图形打印输出时可以设置每种颜色的打印笔宽,如果以颜色来控制打印线宽,需要将不同线宽的对象设置为不同的颜色。

(4)设置线型

默认的各图层线型为连续线(Continous),将"轴线"图层的线型改为点画线(ACAD-IS004W100)。

在"图层特性管理器"对话框中,选中要设置线型的图层"轴线"层,单击图层中的线型,AutoCAD 弹出一个"线型选择"对话框(图3.5)。

列表框中默认只有"Continuous"(连续线),选择"加载(L)…"按钮,弹出"加载或重载线型"对话框。选择"ACAD-IS004W100",然后单击"确定"按钮,线型即被装入(图3.6)。

图 3.5 "选择线型"对话框

图 3.6 "加载或重载线型"对话框

返回"选择线型"对话框中选择所需线型"ACAD-ISO04W100",单击"确定"按钮。

点击下拉菜单【格式】→【线型…】,弹出"线型管理器"对话框。如图3.7所示,将"全局比例因子"改为"100"。

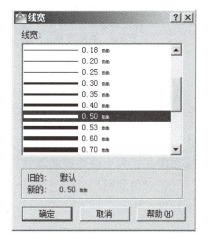

图3.7 "线型管理器"对话框

（5）设置线宽

将"墙体"图层的线宽改为"0.50 mm"。

在"图层特性管理器"中选中"墙体"图层,选择图层中的线宽,AutoCAD弹出一个"线宽"对话框(图3.8)。选择"0.50 mm",单击"确定"按钮。

注意:如果以颜色控制打印线宽,可不设置各层的线宽。如果以对象控制打印线宽,需要设置不同图层对象的线宽。本书为了在绘图过程中显示不同对象的线宽,采用对象来控制打印线宽。

（6）将"轴线"图层置为当前层

图3.8 "线宽"对话框

要绘制轴线,需将该层置为当前层,当前层就是当前绘图层。AutoCAD默认0层为当前层。在"图层特性管理器"对话框中,选择"轴线"图层使其呈高亮度显示,然后单击" "（置为当前）,可将该层置为当前层。此外还可以在"图层特性管理器"中用鼠标双击"轴线"图层,将该层设置为当前层。将"图层特性管理器"对话框的各项设置好,单击"确定"完成图层的设置。

当前层的层名和属性状态都显示在"图层"工具栏上。点击"图层"工具栏右侧的"▼",点选某图层,也可将该图层置为当前层。

2)图层的管理

对图层管理熟练与否会直接影响绘图效率,AutoCAD 提供了一组状态开关,用以控制图层状态属性。这些状态开关有:

①打开/关闭:图层关闭后,该层上的对象不能显示和打印。如果关闭当前层,AutoCAD 会弹出警告对话框,提示用户关闭了当前正在工作的图层。

②冻结/解冻:图层冻结后,该层上的对象不会显示和打印,而且不重新生成,从而加快了 ZOOM、PAN、VPOINT 命令的速度,有利于对象的选择,节省了复杂图形重新生成的时间。

③上锁/解锁:图层上锁后,用户只能观察该层上的实体,不能对其进行编辑和修改,但实体仍可以显示和输出。

④打印:设置该层是否打印输出。

3)"图层"与"特性"工具栏的使用

(1)"图层"工具栏(图 3.9)

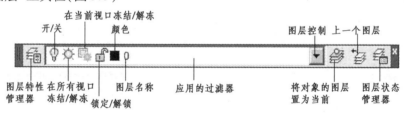

图 3.9 "图层"工具栏

①图层特性管理器 ：单击该按钮,打开"图层特性管理器"对话框,可进行图层设置。

②应用的过滤器:对图层的应用。如图中显示出来的当前层是"0"层,并显示当前层的状态为"打开、解冻、解锁"等。单击其右侧的按钮 ，在下拉列表中可看到所有的图层,点选某图层可将其置为当前并控制其状态。先选对象再点击某图层,会改变对象的图层。

③将对象的图层置为当前 ：先选择图中的某个对象,再单击该按钮,可将该对象所在的图层置为当前。

④上一个图层 ：单击该按钮将上一个图层置为当前。

(2)"特性"工具栏(图 3.10)

图 3.10 "特性"工具栏

①颜色控制:该下拉列表框中列出了随层(ByLayer)、随块(ByBlock)以及图形可选用的颜色。单击列表框中的最后一项"选择颜色……",将弹出"颜色"选择对话框,给用户提供更多的颜色选择。当图形中没有选择实体时,在该列表框中选取的颜色将被设置为系统当前颜色;当图形中选取了实体后,选中的实体颜色将显示在列表中,而系统的当前颜色不会改变。

②线型控制：该下拉列表框中列出了随层、随块以及当前图形中可用的各种线型。当图形中没有实体选中时，在列表框中选取的线型将成为系统当前线型；当图形中有实体被选中时，则选中的实体线型将显示在表中，系统的当前线型不变。

③线宽控制：该下拉列表框中列出了随层、随块以及其他所有可用的线宽。当图形中没有选择实体时，用户在列表框中选取的线宽将成为系统当前线宽；当图形中选中了实体时，则选中实体的线宽将显示在列表中，当前线宽不变。

先选对象再点击"特性"工具栏中的某个"颜色""线型"或"线宽"，会改变对象的特性。

注意：特性工具栏的"颜色""线型""线宽"控制对象的属性。当设置了图层，一般要将特性工具栏中的"颜色""线型""线宽"均设置为随层（ByLayer），这样绘制的对象特性由该层所设置的"颜色""线型""线宽"来控制，保证图层上的对象风格一致，便于观察和出图打印。

3.1.3　绘制轴线

绘制轴线

（1）将"轴线"图层置为当前

在"轴线"图层上绘制轴线。首先要检查"图层"工具栏中显示"轴线"层（当前层），要使轴线图层的对象特性（颜色、线型、线宽）与图层设置一致，要检查"对象特性"工具栏中的颜色、线型、线宽都要选择"Bylayer"（随层），如图 3.11 所示。

图 3.11　"图层"与"特性"工具栏

（2）绘制轴线（图 3.12）

（a）绘制一条水平轴线和一条直线

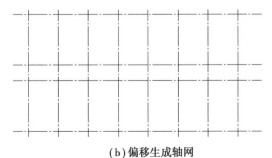

（b）偏移生成轴网

图 3.12　绘制轴网

①先绘制一条长约 30 000 mm 的水平轴线和一条长约 20 000 mm 垂直轴线,轴线长度要略超过图形总尺寸,并且垂直轴线与水平线有少量交叉,如图 3.12(a)所示。

②通过【偏移】或【复制】命令完成其他轴线。竖线偏移距离 3 600 mm,生成 7 个开间;将水平线向下 3 次偏移,偏移距离分别为 6 000,1 800,6 000 mm,生成进深。用移动命令调整轴线位置,如图 3.12(b)所示。

3.1.4 绘制墙体和门窗

1)新建多线样式

本任务墙体为 240 mm 宽(两条线,端部封闭),窗为 240 mm(四条线,端部不封闭),墙和窗通过【多线】(ml)来绘制。首先需要设置多线样式。

新建多线样式

系统自带的多线样式"STANDARD"是两条间距为 1 mm 的多线。

(1)创建墙的多线样式

①点击下拉菜单的"格式→多线样式",弹出"多线样式"对话框(图 3.13)。对话框中可以看到系统自带的"STANDARD"样式,在下部的"预览"窗口中显示了该样式。

图 3.13 "多线样式"对话框

②单击"新建"按钮,弹出"创建新的多线样式"对话框,"新样式名"处输入"QT",单击"继续"按钮,如图 3.14 所示。

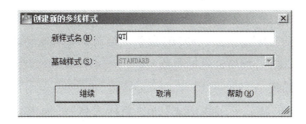

图3.14 新建多线样式"QT"

③在弹出的"新建多线样式:QT"对话框中[图3.15(a)],在"封口"项的"直线"右侧"起点""端点"处打钩。"图元"项不改,两条线"偏移"分别为"0.5"和"-0.5",即两条线间距为1 mm,最后单击"确定"按钮。绘制240墙体时,将多线"比例"改为240,间距"1"扩大240倍,即两线宽240 mm,"对正方式"为"无"。

(a)"QT"的设置(多线绘制240墙时"比例"为"240","对正方式"为"无")

(b)"370"的设置(多线绘制370墙时"比例"为"1","对正方式"为"无",逆时针绘制)

图3.15 墙体多线样式的设置

注:若创建 370 墙体的多线样式时,样式名"370","图元"的两条线"偏移"分别为"120"和"-250",其他项设置同"QT",如图 3.15(b)所示。绘制 370 墙体时,将"370"置为当前,"比例"为 1,"对正方式"为"无",外墙沿逆时针绘制。

(2)创建窗的多线样式

再次点击下拉菜单的"格式→多线样式",在"新样式名"处输入"C",单击"继续"按钮,在弹出的"新建多线样式:C"对话框中,不封口。"图元"项添加 2 条线,形成 4 条线的窗。

在"图元"下方点击"添加",将"偏移"处数据修改为"0.15",再次点击"添加",将"偏移"处数据修改为"-0.15",如图 3.16 所示。绘制 240 墙的窗时,"比例"仍为"240",四条线的两边线间距"1"扩大 240 倍,即适合 240 墙体的窗。

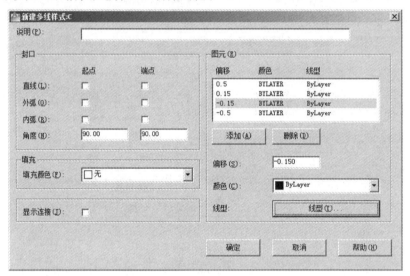

图 3.16　多线样式"C"的设置

2)多线绘制左上方墙体

(1)多线绘制墙体

将"墙体"置为当前层,将多线样式"QT"置为当前。

用【多线】命令分段绘制墙体。【多线】命令的调用方法有:点击下拉菜单"绘图"→"多线";在命令行键入命令"Mline"(Ml),执行命令后,命令行提示及操作如下:

多线绘制左上方墙体

命令:_mline

当前设置:对正=下,比例=1.00,样式=QT

指定起点或[对正(J)/比例(S)/样式(ST)]:　J ≫键入"J"改变"对正"方式。

输入对正类型[上(T)/无(Z)/下(B)]<下>:　Z ≫键入"Z",选择对正方式为"无",即绘图光标在两条线的中间。

当前设置:对正=无,比例=1.00,样式=QT

指定起点或[对正(J)/比例(S)/样式(ST)]：S >>键入"S"改变比例。

输入多线比例<1.00>：240 >>键入"240"，改比例为240，即两条线间距为240 mm，直接绘制240墙。

当前设置：对正＝无，比例＝240.00，样式＝QT >>设置完成。

指定下一点：>>点击图中"A"点（追踪图3.18F上边的轴线交点，向右引方向，输入"900"，回车，光标到A点）。

指定下一点或[放弃(U)]：>>点击图中"B"点。

指定下一点或[闭合(C)/放弃(U)]：>>点击图中"C"点。

指定下一点或[闭合(C)/放弃(U)]：>>向下引方向，键入"300"，回车，光标到D点。

指定下一点或[闭合(C)/放弃(U)]：>>回车。

重复3次【多线】，绘制墙体CEF段、GH段、IJ段。打开状态栏的"线宽"，显示墙体线宽。

（2）编辑多线

双击任一多线，或点击下拉菜单的"修改"→"对象"→"多线…"或输入命令"MLEDIT"（MLED），弹出如图3.17所示的对话框，选择"T形打开"，返回绘图屏幕。

图3.17 打开多线编辑工具(MLEDIT)，选择"T形打开"

命令行提示及操作如下：

命令：_mledit

选择第一条多线：>>点击如图3.18(a)所示的内部竖直墙体（如IJ段）。

选择第二条多线：>>点击如图3.18(a)所示的水平段墙体（如BG段），此时交点打开。

多次重复提示"选择第一条多线"和"选择第二条多线"，完成其他多线交点的编辑，如图3.18(b)所示。

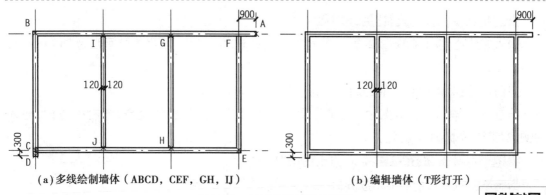

(a) 多线绘制墙体（ABCD，CEF，GH，IJ）　　　　　　（b）编辑墙体（T形打开）

图 3.18　多线绘制墙体并编辑

多线绘制左
上方门窗

3) 多线绘制左上方门窗

(1) 偏移轴线生成修剪洞口的辅助线 [图 3.19(a)]

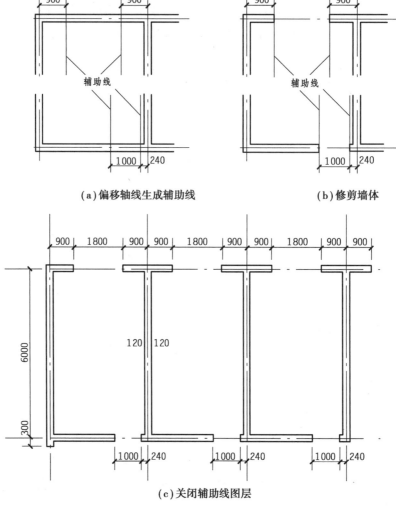

(a) 偏移轴线生成辅助线　　　　　　（b）修剪墙体

(c) 关闭辅助线图层

图 3.19　修剪墙体形成门窗洞口

打开"图层特性管理器",添加"辅助线"图层,并置为当前。

命令:O >>键入"O"(【偏移】快捷命令)。

OFFSET

当前设置:删除源=否　图层=源　OFFSETGAPTYPE=0

指定偏移距离或[通过(T)/删除(E)/图层(L)]<通过>:　L >>键入"L",改变偏移对象的图层。

输入偏移对象的图层选项[当前(C)/源(S)]<源>:　C >>键入"C",偏移对象的图层为当前图层"辅助线"(一定要先将图层"辅助线"置为当前)。

指定偏移距离或[通过(T)/删除(E)/图层(L)]<通过>:　900 >>键入"900"。

选择要偏移的对象,或[退出(E)/放弃(U)]<退出>:>>点击左侧竖向轴线。

指定要偏移的那一侧上的点,或[退出(E)/多个(M)/放弃(U)]<退出>:>>点击已选竖向轴线或右侧,生成一条辅助线。

……

同样点击右侧轴线,在其左侧偏移生成另一条辅助线。另外两间房同样各生成两条辅助线。同法做门洞口辅助线。

(2)修剪墙体成门窗洞口

以偏移的洞口位置辅助线修剪多线墙体,形成门窗洞口[图3.19(b)]。关闭"辅助线"图层,如图3.19(c)所示。

(3)绘制左上方门窗(图3.20)

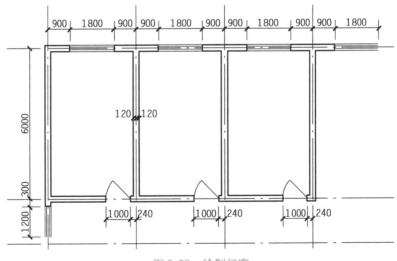

图 3.20　绘制门窗

①用【多线】命令绘制窗(图3.21)。调用【多线】(ML)命令,命令行提示及操作如下:

命令:ML >>多线快捷命令。

MLINE >>显示命令全称。

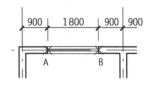

图 3.21 用多线绘制的窗

当前设置:对正＝无,比例＝240,样式＝QT >>显示上次多线设置。

指定起点或[对正(J)/比例(S)/样式(ST)]: ST >> 键入"ST"并回车,改变多线样式。

输入多线样式名或[?]: C >>键入"C"并回车("C"为创建的窗的多线样式名)。

当前设置:对正＝无,比例＝240,样式＝C >>设置完成。

指定起点或[对正(J)/比例(S)/样式(ST)]: >>点击窗洞的墙线与轴线的一个交点(如 A 点)。

指定下一点或[放弃(U)]:>>点击窗洞的墙线与轴线的另一个交点(如 B 点)。

完成其他窗的绘制。

②绘制门(图 3.22)。

a.绘制门的 1 000 mm 长斜线时,斜线的第一点(右下点)选墙线与轴线的交点。下一点可键入"@1000<135",也可打开45°极轴绘制。

b.绘制圆弧。点击下拉菜单的"绘图→圆弧→圆心、起点、端点",依次点击图中的 A、B、C 点。

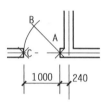

图 3.22 绘制门

c.复制完成其他门。

4)绘制其他墙体和门窗

(1)向下【镜像】已绘的窗和门窗

选择对象时用包含窗口(从左到右),如图 3.23(a)所示;镜像轴:第一点选走道窗的中点(图中"×"点,第二点向水平方向引出,任意点击一点,如图 3.23(b)所示,回车完成图形镜像。

绘制其他墙体和门窗

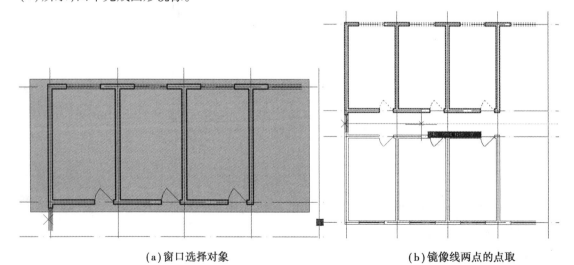

(a)窗口选择对象 　　　　(b)镜像线两点的点取

图 3.23 向下镜像已绘的墙和门窗

（2）用"镜像"命令完成右侧的墙和窗

镜像操作如图 3.24 所示。

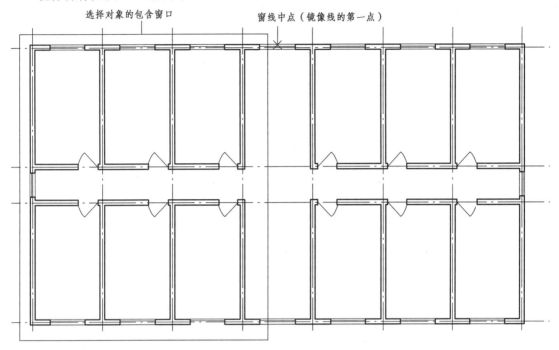

图 3.24　用【镜像】命令完成右侧墙线和窗线

（3）修改会议室

将右下角的 2 个房间合为 1 个会议室，如图 3.25 所示。修改步骤如下：

①删除 2 条竖墙线及右门和门两侧短墙；

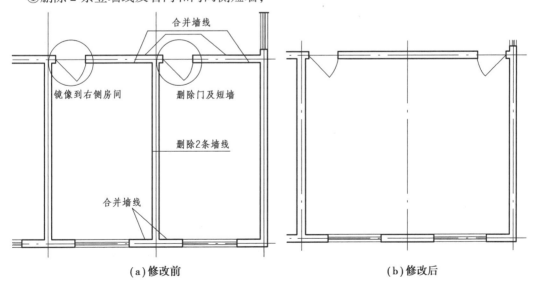

（a）修改前　　　　　　　　　　　　　　（b）修改后

图 3.25　会议室的修改

②合并断开的墙线；

③将左侧房间的门(包括门洞墙线)镜像到右侧房间,镜像轴为两房中间的竖轴线；

④【修剪】右侧门的墙线,打开洞口。

(4)修改女厕

女厕的修改如图 3.26 所示。

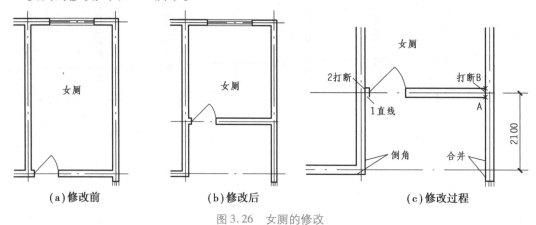

(a)修改前   (b)修改后   (c)修改过程

图 3.26 女厕的修改

①将墙与门向上移动 2 100 mm,并补绘该墙的轴线;用【倒角】命令修改左下墙角;用【合并】命令修改右下墙角。

②用【打断】命令修改右上墙角(也可用修剪命令)。

【打断】命令的调用方法有:单击"修改"工具栏的图标 ;点击下拉菜单的"修改"→"打断";在命令行键入命令"Break"(Br)。执行命令后,命令行提示及操作如下:

命令:_break 选择对象: >>点选要打断的墙线(必须点选)。

指定第二个打断点或[第一点(F)]:F >>键入"f"回车。重新选第一打断点。如直接回车,会将上一步点选对象的点作为第一点。

指定第一个打断点: >>点击"A"点

指定第二个打断点: >>点击"B"点。(A、B 点可交换)。

③绘制左上角墙线 1,同样【打断】墙线 2。

5)修改展示区外墙

(1)用【拉伸】命令将窗和相应的尺寸向两侧分别扩大 540 mm(图 3.27)。

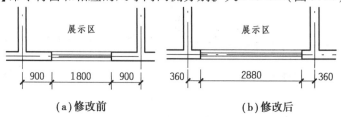

(a)修改前   (b)修改后

图 3.27 窗的修改

（2）增加墙垛

①打开墙体图层,用【多线】命令绘制墙体,如图 3.28（a）所示。

②编辑多线（MLEDIT）做"T 形打开",如图 3.28（b）所示。

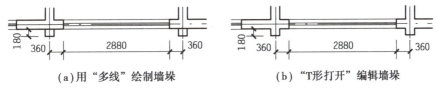

（a）用"多线"绘制墙垛　　　　（b）"T 形打开"编辑墙垛

图 3.28　增加墙垛

3.1.5　绘制雨篷和楼梯

1）绘制雨篷

绘制雨篷

主入口和次入口雨篷如图 3.29 所示。下面介绍主入口雨篷的绘制方法。

①绘制多段线。起点的绘制要利用"对象追踪",如图 3.30（a）所示。

②多段线绘制的"下一点"如图 3.30（b）所示,这样可减少计算,绘图较快。

③将多段线向内【偏移】60 mm。

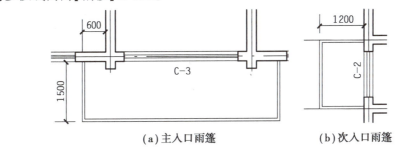

（a）主入口雨篷　　　　　　（b）次入口雨篷

图 3.29　主入口和次入口雨篷

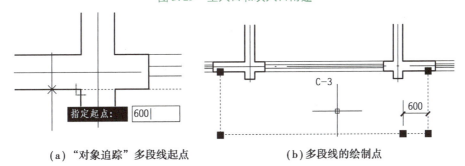

（a）"对象追踪"多段线起点　　　　（b）多段线的绘制点

图 3.30　主入口雨篷绘制步骤

2）绘制楼梯

绘制楼梯

（1）楼梯踏步、梯井和扶手的绘制

①绘制距外墙内侧 1 800 mm,长为 1 600 mm 的水平【直线】,如图 3.31（a）

所示。

②绘制【矩形】60 mm×2 700 mm。先绘左上角点:利用【对象追踪】,追踪直线右端点,暂停后向右引出方向,键入 50 mm(留出扶手宽度);对角点键入"@ 60,-2700",如图 3.31(b)所示。

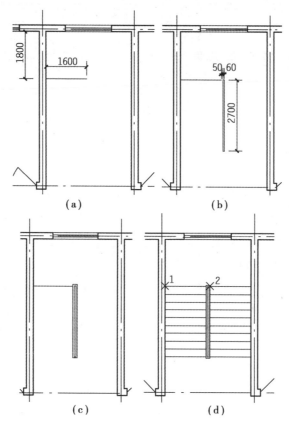

图 3.31　楼梯踏步、梯井和扶手的绘制步骤

③将矩形向外【偏移】50 mm,形成扶手,如图 3.31(c)所示。

④【阵列】直线。其中,行间距为"-300",列间距为图中"1"和"2"两点确定的距离 1 760 mm,如图 3.31(d)所示。

(2)绘制楼梯折断线符号

①绘制45°斜线:注意关闭"对象捕捉",打开"极轴"追踪("增量角"仍为45°),点击两端点,如图 3.32(a)所示。

②绘与斜线垂直的【直线】"AB"和斜线"BC":AB 直线长约为 200 mm,∠B ≈30°。

③【镜像】"AB"和"BC",得到线"AD"和线"CD"。镜像轴为长斜线。

④【镜像】线"CD"。镜像轴为线"BD",要删除"源对象",得到如图 3.32(b)所示的结果。

⑤【修剪】"BC"和"DF"之间的斜线,得到如图 3.32(c)所示的结果。

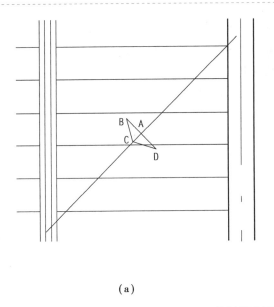

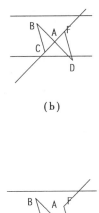

（a）

（b）

（c）

图 3.32 绘制楼梯折断线

（3）绘制楼梯箭头符号（图 3.33）

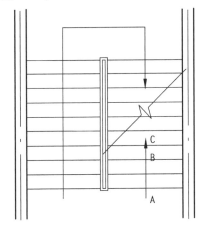

图 3.33 绘制楼梯箭头符号

①用【多段线】（PL）绘制下部箭头。执行命令后，命令行提示及操作如下：

命令：_pline

指定起点：>>点击 A 点。

当前线宽为 0.0000

指定下一个点或［圆弧（A）/半宽（H）/长度（L）/放弃（U）/宽度（W）］：>>点击 B 点（AB 为箭杆）。

指定下一点或［圆弧（A）/闭合（C）/半宽（H）/长度（L）/放弃（U）/宽度（W）］:w >>键入 "w"，回车，改变线宽。

指定起点宽度<0.0000>:50 >>键入 "50"回车，箭尾 50 mm 宽。

指定端点宽度<50.0000>:0 >>键入"0"回车,箭头 0 mm 宽。

指定下一点或[圆弧(A)/闭合(C)/半宽(H)/长度(L)/放弃(U)/宽度(W)]:300 >>向上引方向,键入"300"回车,箭头 BC 长约 300 mm。

指定下一点或[圆弧(A)/闭合(C)/半宽(H)/长度(L)/放弃(U)/宽度(W)]: >>回车,结束。

②同样用【多段线】绘制上部箭头。

3.1.6 图形标注

1)文字标注

平面图中房间名称注写的文字样式为"gb",字高 350 mm;门窗名称注写的文字样式为"Standard",字高 350 mm,如图 3.34 所示。

文字注写

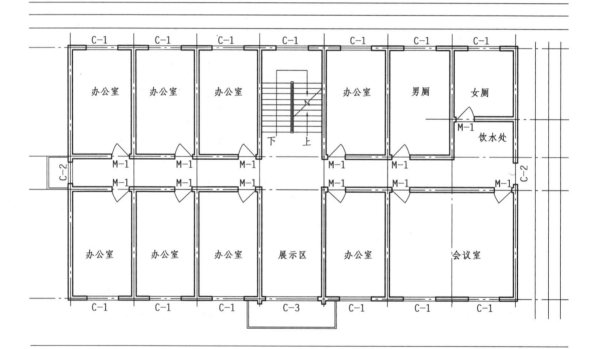

图 3.34 绘制尺寸线位置的辅助线

2)尺寸标注和编辑

(1)绘制确定尺寸线位置的辅助线

建筑制图标准规定:图样轮廓线以外的尺寸线,距图样最外轮廓之间的距离,不宜小于 10 mm。平行排列的尺寸线的间距,宜为 7~10 mm,并应保持一致。在 1:100 出图的本图中,扩大 100 倍绘制。

尺寸标注和编辑

在"辅助线"图层，绘制和偏移生成上、下、右尺寸线大概位置的辅助线，尺寸线间距为700 mm，如图 3.34 所示。

（2）线性标注尺寸

开间相同的房间第二道和第三道尺寸可复制（锁住"辅助线"和"轴线"图层）；上下三道尺寸可镜像；内门尺寸可【复制】、【镜像】到其他位置。

关掉"辅助线"图层，完成的尺寸标注如图 3.35 所示。

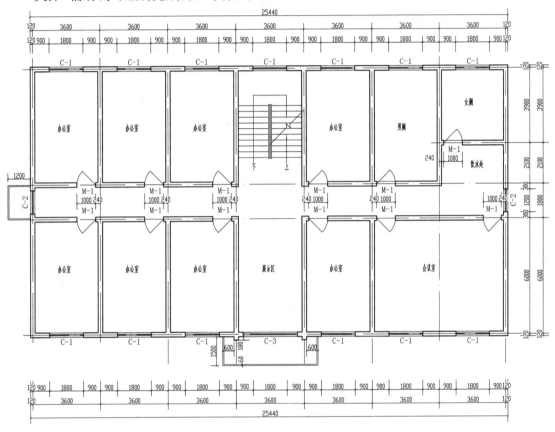

图 3.35　标注完成的尺寸（未编辑）

（3）通过夹点编辑尺寸标注

①编辑端部尺寸标注"120"的文字位置，使文字往外移。

②编辑"C-3"处的尺寸。选择"900、1800、900"3 个尺寸，注意两个相邻的尺寸的界线重合，夹点重合，如图 3.36（a）所示。激活 A 点拖动到 B 点，激活 C 点拖动到 D 点，改变尺寸大小；激活两个"360"文字夹点，调整文字位置，如图 3.36（b）所示。

③修改会议室外墙处的尺寸。删除图 3.37（a）圈中的"900"和"3600"两个尺寸；将图中左侧"900"的尺寸标注的夹点"1"拖动到点"2"位置；将左侧 "3600"的尺寸标注的夹点"1"拖动到点"3"位置。编辑后的尺寸标注如图 3.37（b）所示。

绘制编辑好的尺寸标注，如图 3.38 所示。

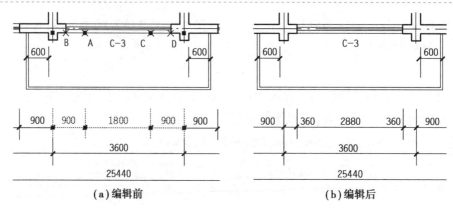

(a) 编辑前　　　　　　　　　**(b) 编辑后**

图 3.36　夹点编辑"C-3"处的尺寸标注

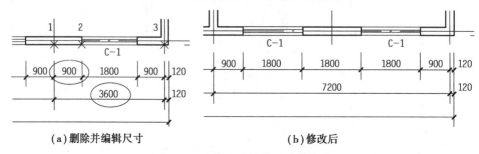

(a) 删除并编辑尺寸　　　　　　　　　**(b) 修改后**

图 3.37　会议室外墙处尺寸的修改

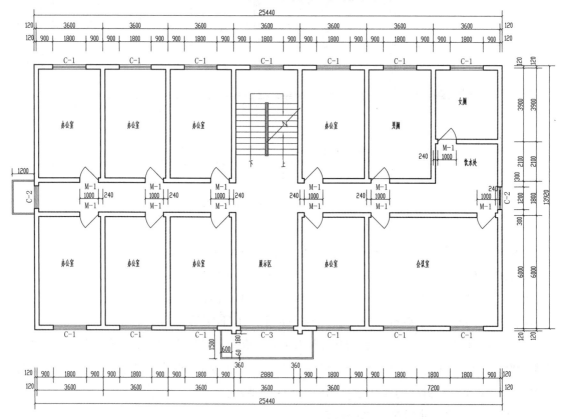

图 3.38　编辑后的尺寸标注("轴线"和"辅助线"图层关掉)

3）轴号标注

①绘制第一个轴号（图 3.39）：

a.用【直线】命令,绘制轴号引线（竖直线）。

b.用"2p"选项,绘制直径为"800"的圆。输入【圆】命令后,命令行提示:

命令:_circle 指定圆的圆心或［三点(3P)/两点(2P)/相切、相切、半径(T)］:2p >>键入"2P"并回车。

指定圆直径的第一个端点: >>点击轴线上端点。

指定圆直径的第二个端点:800 >>光标向下引出方向,键入"800"回车。

c.用"单行文字"(dt)在圆内标注文字"1"（长仿宋体）,字高 500 mm。

②复制第一个轴号到其他轴线位置。

③双击修改轴号文字（图 3.40）。

④绘制下部轴号。打开"辅助线"图层,追踪上下第三道尺寸线绘制 AB 直线,C 点为 AB 的中点。以 CD 为镜像线将上部轴号【镜像】到下部（图 3.41）。删除"7 轴",完成横向定位轴线的标注。

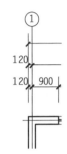

图 3.39　轴线标注

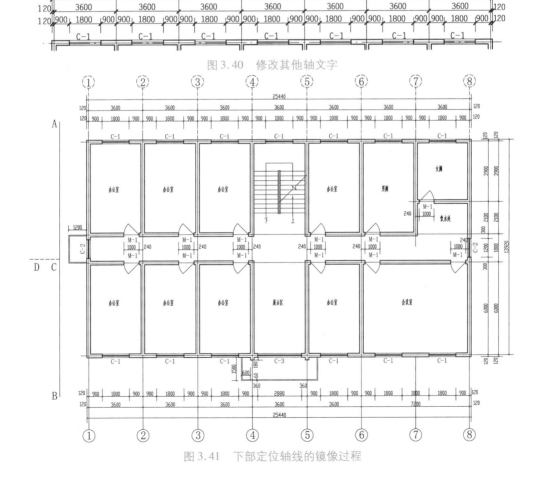

图 3.40　修改其他轴文字

图 3.41　下部定位轴线的镜像过程

⑤绘制右侧轴号:

a.复制 8 轴到任意位置,并将其【旋转】90°,如图 3.42 所示。

b.将上步旋转后的 8 轴【移动】到 A 轴位置,并【复制】到 B—E 轴位置,如图 3.43(a)所示。

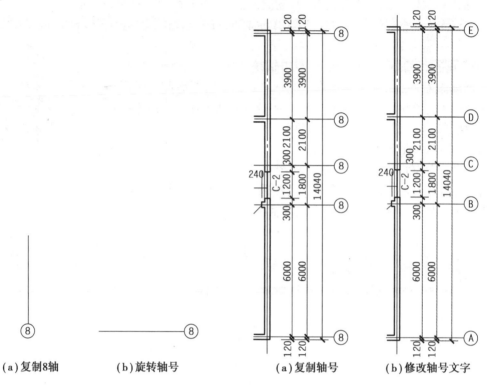

(a)复制8轴　　(b)旋转轴号

图 3.42　绘制 A 轴

(a)复制轴号　　(b)修改轴号文字

图 3.43　绘制右侧轴号

c.双击修改文字,如图 3.43(b)所示。

4)标高标注

(1)绘制楼面标高(图 3.44)

①在走廊中间位置先绘制水平【直线】。

②绘制左侧斜线,起点为水平线的左端点,第二点输入:"@300,-300"。

③将左侧斜线【镜像】到右侧。

④用"gbcbig.shx"样式注写单行文字"3.000"。

图 3.44　标高

(2)复制标高到厕所

将"3.000"的标高【复制】到"男厕",并修改为"2.980",再将修改后的标高【复制】到"女厕"。

标高标注

5)用"多行文字"注写文字说明和图名

多行文字与图框

(1)注写文字说明

【多行文字】的命令调用方法有:绘图工具栏的 **A** 图标;下拉菜单的绘图→文字→多行;命令"text"(t)。执行命令后,命令行提示及操作如下:

命令:_mtext 当前文字样式: "standard"　文字高度: 350.0000　注释性: 否

指定第一角点:

指定对角点或[高度(H)/对正(J)/行距(L)/旋转(R)/样式(S)/宽度(W)/栏(C)]:

通过指定第一对角点和对角点确定的矩形框来定义多行段落文字边界框,然后弹出"文字格式"工具栏和文字输入窗口,如图3.45所示。

设置文字样式为"Standard",高度为"350","宽度因子"为"0.8",在多行文字对话框中输入需要注写的文字。注意这种字体在字高一致的情况下,文字小而数字大,选择数字将高度改为"300",宽度"宽度因子"改为"0.5"。

单击"确定"按钮,在绘图区设定的矩形边框中插入了文字。

图3.45　"多行文字"的"文字格式"对话框

(2)注写图名

①同样用【多行文字】注写图名,如图3.46所示。图名"标准层平面图 1:100"的文字样式为"gb";"标准层平面图"字高700,"1:100"字高350。

图3.46　"多行文字"注写图名

②在文字下面画【多段线】,线宽50。

③将多段线向下复制,间距约60 mm,将其【分解】为细线。

6)插入图框

插入任务2.6绘制的图块"A3"图框,注意比例为"100",并填写相关内容。全部绘制完的图形如图3.47所示。

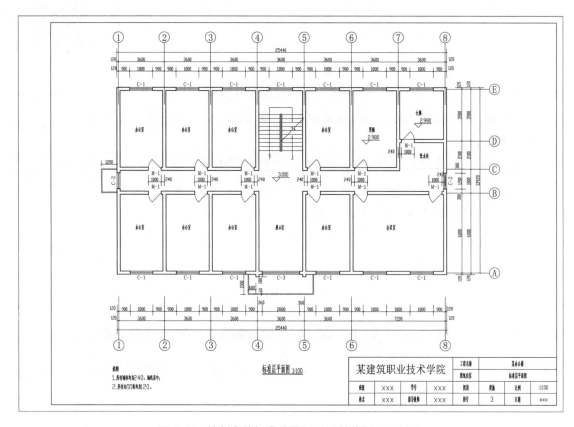

图 3.47 绘制完的标准层平面图("轴线"图层关闭)

任务 3.2 绘制首层平面图

3.2.1 任务描述与分析

1)任务描述

利用标准层平面图,绘制首层平面图(图 3.48)。

2)任务分析

首层平面图不需要重新绘制,打开除"辅助线"外的所有图层,复制"标准层平面图",将其修改为"首层平面图"。对照"标准层平面图","首层平面图"需要的部位包括修改楼梯,增加散水、台阶,修改外门,修改尺寸、标高、图名等标注,增加指北针、剖切符号等标注。

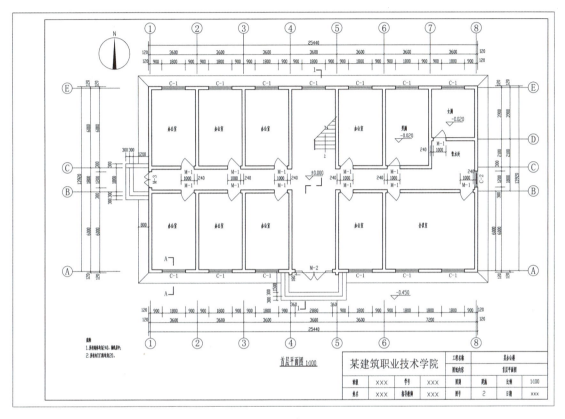

图 3.48　首层平面图

3.2.2　绘图步骤与解析

1）首层楼梯和散水

（1）修改首层楼梯

首层楼梯的绘制过程如图 3.49 所示。

①将图 3.49（a）所示的矩形扶手【分解】。

②删除多余对象，如图 3.49（b）所示。

首层楼梯和散水

③【修剪】图 3.49（b）中折断线左上方的对象，并将扶手的两条线做【倒角】，如图 3.49（c）所示。

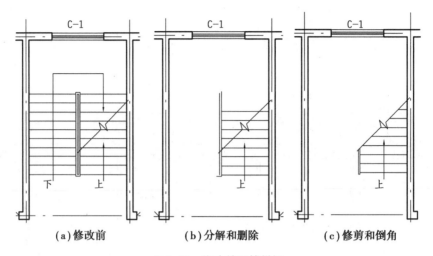

(a)修改前   (b)分解和删除   (c)修剪和倒角

图 3.49　修改首层楼梯间

（2）绘制散水

①拉伸尺寸线和轴号。向外拉伸上方和右方三道尺寸线（包括轴号）约 900 mm（散水宽），留出散水的位置。拉伸上方标注对象如图 3.50 所示。同样向外拉伸下方三道尺寸线（包括轴号、图名、说明）约 2 100 mm（台阶宽），留出台阶的位置。

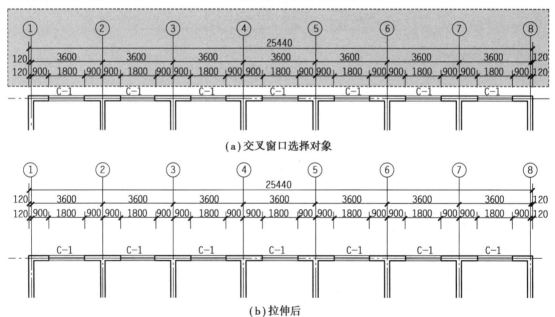

图 3.50　拉伸上部三道尺寸线

②在"楼梯"图层绘制沿外墙轮廓的【矩形】。

③将矩形向外定距 800 mm 做【偏移】。

④绘制内外矩形角点之间的连线。

⑤标注散水宽度。

绘制的散水如图 3.51 所示。

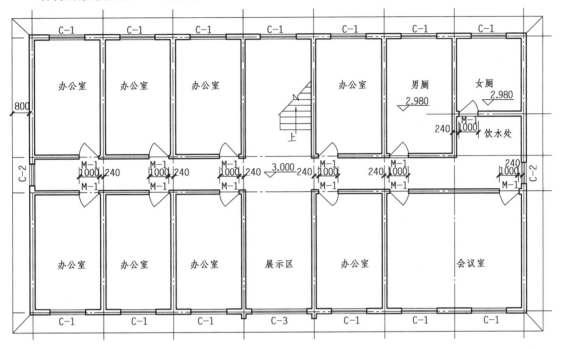

图 3.51　绘制并标注散水

2)绘制台阶与外门

主入口和侧入口处的台阶和外门如图 3.52 所示。注意台阶的平台用【多段线】绘制;门先绘制一半再做【镜像】。

绘制台阶与外门

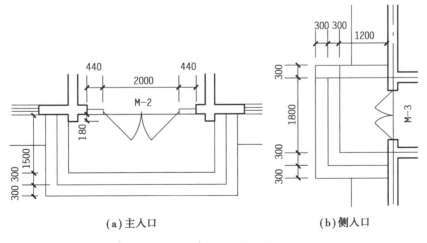

（a）主入口　　　　　　　（b）侧入口

图 3.52　入口处台阶和外门

3)绘制符号

(1)插入指北针

按 100 倍插入项目 2 绘制的"指北针"块文件。指北针的外圆直径为 24 mm,内接三角形的底边宽度为 3 mm。箭头用【多段线】绘制。

(2)绘制剖切符号

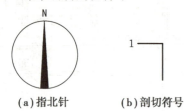

(a)指北针　　(b)剖切符号

图 3.53　首层平面图符号

建筑制图标准规定,剖切符号以粗实线绘制,剖切位置线长度宜为 6~8 mm,剖视方向线长度宜为 4~6 mm,如图 3.53 所示。

①绘制【多段线】。线宽为 50 mm,水平段长 400 mm,竖直段长 600 mm。

②注写文字"1"。仿宋体,350 mm 高。

4)标注与调整

①删除"展示区。

②将"标准层平面图""改为"首层平面图",并拉伸缩短下面的粗、细线。

③修改标高。将"3.000"改为"±0.000","2.980"改为"-0.020"。

④复制一层标高到散水外,并将文字改为"-0.450"。

⑤修改标题栏文字。"标准层平面图""改为"首层平面图";图号"3"改为"2"。

⑥增加左侧三道尺寸线。

⑦调整图形。

任务 3.3　绘制顶层平面图

3.3.1　任务描述与分析

1)任务描述

利用标准层平面图,绘制顶层平面图(图 3.54)。

2)任务分析

顶层平面图也不需要重新绘制,打开除"辅助线"图层,复制"标准层平面图",将其修改为"顶层平面图"。对照"标准层平面图"分析"顶层平面图",需要修改的部位包括修改楼梯,修改"展示区"房间为"办公室",绘制阳台和阳台门,尺寸、符号、文字等标注的修改和增加。

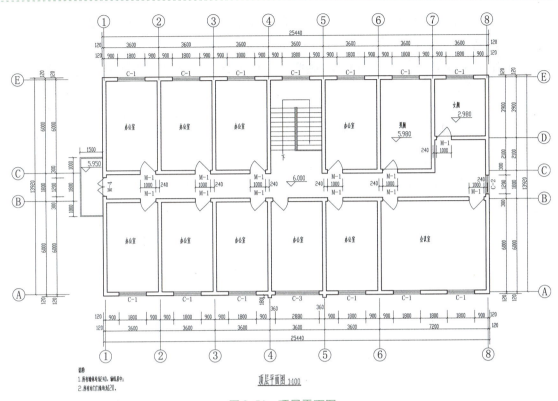

图 3.54 顶层平面图

3.3.2 绘图步骤与解析

1)修改顶层楼梯

修改前的标准层楼梯间如图 3.55（a）所示。

修改顶层楼梯

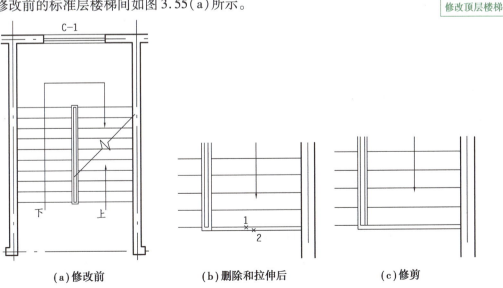

（a）修改前　　　　　　（b）删除和拉伸后　　　　　　（c）修剪

图 3.55 修改顶层楼梯间

①【删除】折断线、"上"及箭头,把向下的箭头【拉伸】到合适位置,并绘制线"2",如图 3.55(b)所示。

②用【夹点】将线"1"向左拖动。绘制线"2",修剪线"1"和线"2"之间的竖线,如图 3.55(c)所示。

2)将"展示区"改为"办公室"

修改前的"展示区"如图 3.56(a)所示,在其靠走道侧绘制墙体和门。

①将相邻房间的门(包括文字和尺寸)和墙线【复制】到对应位置,如图 3.56(b)所示。

②墙线做三次【倒角】,并调整尺寸标注和标高,如图 3.56(c)所示。

③将文字"展示区"修改为"办公室"。

展示区改办公室

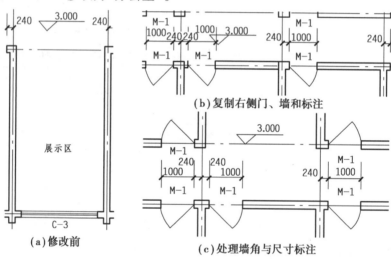

图 3.56　修改展示区房间

3)绘制阳台和门

阳台和阳台门如图 3.57 所示。

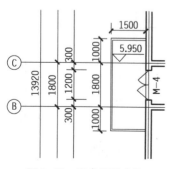

图 3.57　阳台和阳台门

(1)绘制阳台

①将标准层雨篷深度 1 200 mm 向左【拉伸】300 mm 成为 1 500 mm;

②将雨篷宽度 1 800 mm 分别向上、向下【拉伸】1 000 mm。

(2)绘制阳台门"M-4"

①删除窗"C-2"。

②将首层的"M-3"门及文字复制,修改名称为"M-4"。

4)修改和添加标注

(1)文字修改

将"标准层平面图""改为"顶层平面图";修改"展览区"为"办公室";将标题栏文字"标准层平面图""改为"顶层平面图";图号"3"改为"4"。

(2)修改并增加标高

将"3.000"改为"6.000";"2.980"改为"5.980";给阳台增加标高标注"5.950"。

(3)增加图形左侧尺寸标注

镜像右侧的三道尺寸和轴线标注,通过【夹点编辑】调整尺寸界线位置、文字位置;线性标注水平尺寸"1500"。

最后调整图中各部分的位置、间距,处理完毕的顶层平面图如图3.58所示。

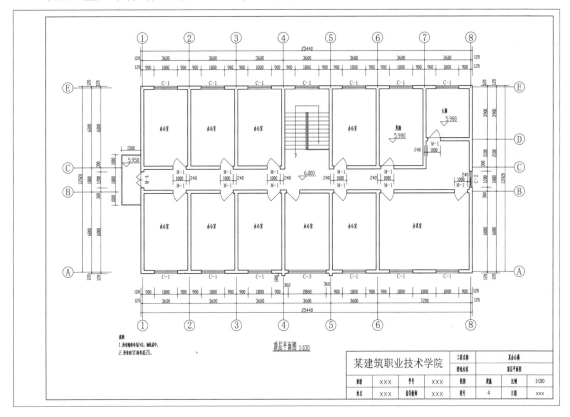

图 3.58 调整完毕的顶层平面图(轴线图层关闭)

技能训练

1.绘制如图3.59所示的某营业所平面图。

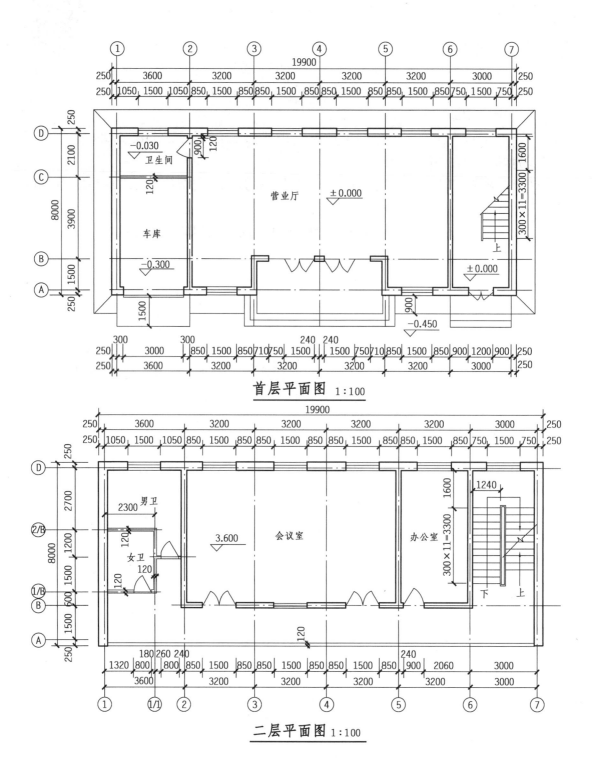

首层平面图 1:100

二层平面图 1:100

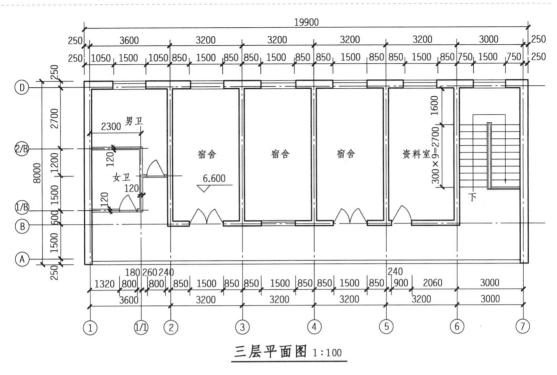

三层平面图 1:100

图 3.59　某营业所平面图

2.绘制附录Ⅲ某培训中心平面图。

项目 4 绘制立面图和剖面图

项目导学：本项目讲解了办公楼正立面图和剖面图（含楼梯）的绘制方法和步骤。在绘制图形前，先进行绘图方法步骤的分析，再进行各步骤的绘制过程。建筑的平、立、剖面图中各构件符合制图中"长对正、宽平齐、高相等"的规则，一般在立面图和剖面图中不标注水平方向的尺寸，需要在平面图中读取。在利用 AutoCAD 绘制立面图时，参照各层平面图，进行构件位置的追踪，高度方向的尺寸需要输入。在绘制剖面图时，参照各层平面图和立面图，进行构件位置的追踪，尽量不用输入尺寸，加快画图速度。

任务 4.1 绘制正立面图

4.1.1 任务描述与分析

1）任务描述

根据办公楼的三个平面图，绘制如图 4.1 所示的正立面图。

2）任务分析

立面图中不标注水平尺寸，只标注高度方向的竖向尺寸。在绘制每一层的立面图时，只要将这一层的平面图放在与立面图上下对齐的位置，进行对象追踪，使各构件"长对正"即可方便确定构件的水平方向的尺寸。

①先将首层平面图中与立面图相关信息复制过来，绘制立面图的外轮廓和首层立面图的主入口和 C1（可生成三层）。

②再将二层平面图中间窗 C3 部分复制过来，绘制二至三层的立面窗 C3。

③绘制①轴左侧的侧入口及其上部阳台和雨篷。

④最后完成图形标注。

4.1.2 绘图步骤与解析

1）绘制外轮廓

正立面外轮廓及绘制过程如图 4.2 所示。

绘制外轮廓

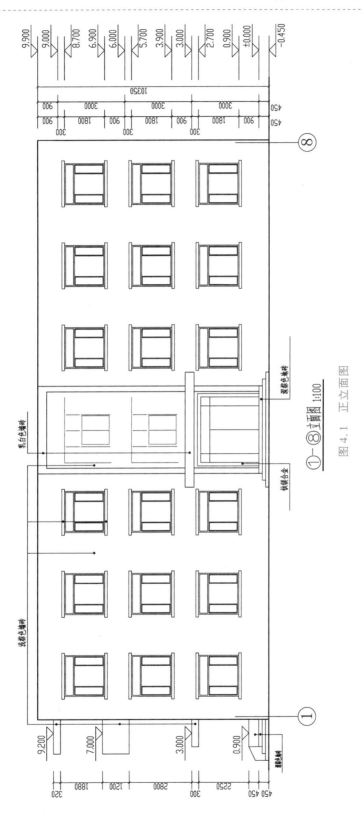

①—⑧立面图 1:100

图4.1 正立面图

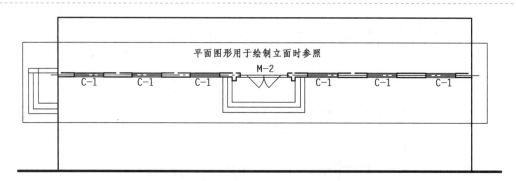

图4.2　正立面外轮廓及绘制过程

（1）设置立面图层

为立面图增加图层，以方便图形观察和利用。点击"图层"工具栏的"图形特性管理器"按钮，即可打开，可随时修改和新建"图层"。新增加图层"立-门窗、立-轮廓、立-文字、立-尺寸"，颜色自定，"立-轮廓"的线宽为 0.4 mm，其他均为默认。

（2）绘制墙体轮廓线和地坪线

①复制首层平面图中的南外墙和台阶，用于绘制正立面图。

②将"立-轮廓"图层置为当前。

③用【直线】绘制轮廓。追踪外墙左侧向下拖动任意一点，向上输入"10350"绘制竖线，向右追踪外墙右侧绘制水平直线，向下追踪左侧竖直线下端点。

④用【直线】绘制地坪线。对象追踪左侧竖直线下端点向左拖动，点击适当位置作为第一点，下一点向右引方向，在与第一点关于外轮廓大约对称的位置点取。

⑤点选地坪线，在"特性"工具栏中点线宽"0.60 mm"，将地坪线加粗。

2）绘制主入口

主入口包括台阶、门和雨篷，细部尺寸如图4.3所示。

绘制主入口

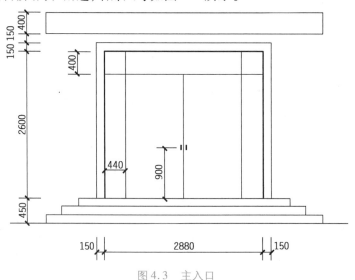

图4.3　主入口

（1）绘制台阶

①用【直线】绘制一个踏步。利用"对象追踪"绘制高 150 mm、宽 300 mm 的一个踏步。将踏步【复制】两次，如图 4.4（a）所示。

②【镜像】左侧踏步到右侧，如图 4.4（b）所示。

③【合并】两侧的踏步水平线，共操作 3 次。

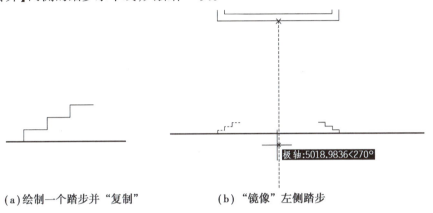

（a）绘制一个踏步并"复制" （b）"镜像"左侧踏步

图 4.4 立面台阶的绘制步骤

（2）绘制门

①用【多段线】绘制门轮廓。第一点为台阶平台线与门洞口的交叉点（对象追踪），如图 4.5（a）所示。门高 2 600 mm（需输入），门宽 2 880 mm（可利用对象追踪），门轮廓如图 4.5（b）所示。

②绘制门套。将多段线向外【偏移】150 mm，生成门套，如图 4.5（b）所示。

③绘制门细部。把手用【矩形】命令绘制。

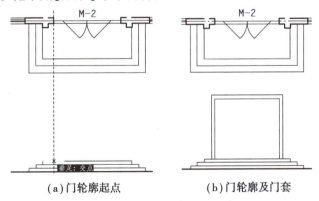

（a）门轮廓起点 （b）门轮廓及门套

图 4.5 立面门的绘制步骤

（3）绘制雨篷

①对象捕捉追踪绘制【直线】。雨篷宽度与第一步台阶对齐，如图 4.6（a）～（b）所示。

②向上【移动】水平线 150 mm，并向上【复制】，位移为 400 mm，如图 4.6（c）所示。

③绘制雨篷两侧【直线】，如图 4.6（d）所示。

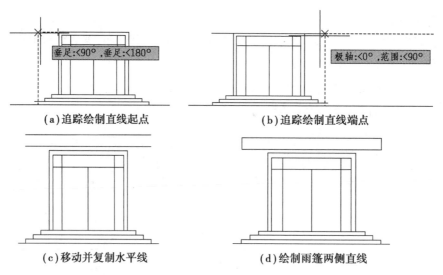

(a)追踪绘制直线起点　　　　　　　(b)追踪绘制直线端点

(c)移动并复制水平线　　　　　　　(d)绘制雨篷两侧直线

图 4.6　绘制雨篷

3)绘制窗 C-1

(1)绘制左下角的一个窗 C-1(图 4.7)

①绘制窗轮廓,如图 4.8(a)所示。

绘制辅助线:第一点为左下角点,下一点为"@1020,1350"。

绘制【矩形】1 800 mm×1 800 mm:第一点为辅助线右上点,下一点为
"@1800,1800"。

绘制窗C-1

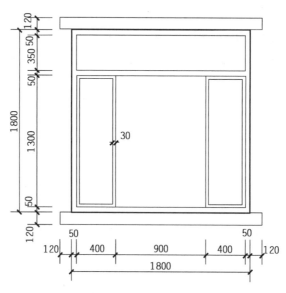

图 4.7　立面窗 C-1

②绘制窗框,如图 4.8(b)所示。将外轮廓向内【偏移】50 mm,绘制横档并【修剪】窗框。

③绘制窗扇,如图 4.8(c)所示。用【矩形】绘制左侧窗扇 400 mm×1 300 mm,向内【偏移】

30 mm。将左侧窗扇【复制】或【镜像】到右侧。

④绘制窗套,如图 4.8(d)所示。绘制【矩形】上窗套:左下角点利用"对象追踪",对角点输入"2040,120"(打开 DYN)。上下窗套尺寸相同,利用【镜像】命令完成。

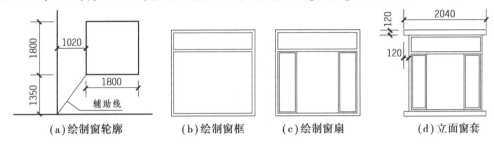

（a）绘制窗轮廓　　　（b）绘制窗框　　（c）绘制窗扇　　　（d）立面窗套

图 4.8　绘制立面窗

(2)其他"C-1"的绘制

用【阵列】命令生成左侧的 9 个窗"C-1",用【镜像】命令生成右侧 9 个窗"C-1"。

①【阵列】生成左侧 9 个窗"C-1"。先删除图中不用的平面参考内容。将外轮廓中不用的平面参考内容删除,保留平面台阶。阵列生成左侧 3 行 3 列的"C-1"。点击【矩形阵列】(AR)命令,命令行提示如下:

命令:_arrayrect

选择对象:指定对角点:找到 15 个 >>选择窗 C-1 的 15 个对象。

选择对象: >>回车,结束选择。

类型 = 矩形　关联 = 是

为项目数指定对角点或［基点(B)/角度(A)/计数(C)］<计数>: >>回车。

输入行数或［表达式(E)］<4>:3 >>键入"3"回车。

输入列数或［表达式(E)］<4>:3 >>键入"3"回车。

指定对角点以间隔项目或［间距(S)］<间距>: >>回车。

指定行之间的距离或［表达式(E)］<3060.0000>:3000 >>键入"3000"回车(这里"3000"为层高)。

指定列之间的距离或［表达式(E)］<3030.0000>:3600 >>键入"3600"回车(这里"3600"为开间)。

按 Enter 键接受或［关联(AS)/基点(B)/行(R)/列(C)/层(L)/退出(X)］<退出>: >>回车。

生成 3 行 3 列的"C-1",如图 4.9 所示。

②【镜像】生成右侧 9 个窗"C-1"。镜像轴为通过雨篷中点的竖直线,生成右侧 9 个窗"C-1",如图 4.10 所示。

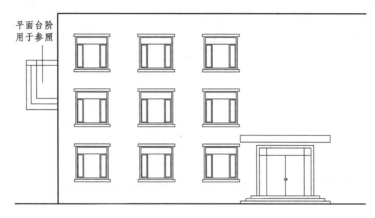

图 4.9 阵列生成 3 行 3 列的"C-1"

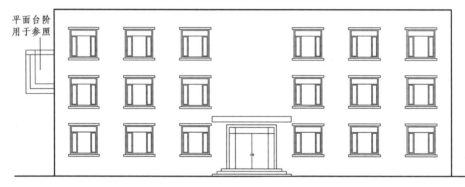

图 4.10 "镜像"生成右侧"C-1"

4)绘制中间门窗套和 C-3

(1)绘制中间门窗套

将二层平面图相关的构件复制到与平面图"长对正"的位置,方便水平尺寸的追踪。中间门窗套由两侧的壁柱(240 mm 宽)和顶部水平突出(400 mm 高)组成,绘制步骤如图 4.11 所示。

①绘制通过平面图壁柱的点"1",绘制直线到台阶平台上,如图 4.11(a)所示。

②【偏移】生成"通过"点"2、3、4"的直线;绘制直线,距上轮廓 400 mm,如图 4.11(b)所示。

③【修剪】4 条竖直线,如图 4.11(c)所示。

(2)绘制"C-3"(图 4.12)

二层和三层各有一个"C-3",先绘制三层的"C-3",再复制完成二层的"C-3"。

①绘制外窗框。绘制【矩形】窗轮廓,矩形第一点的"追踪"如图 4.13 所示,对角点输入"2880,-2100"。将矩形向内偏移 60 mm 形成外窗框。

绘制门窗套及
C-3

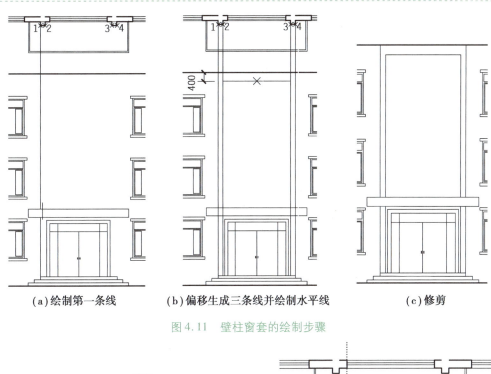

(a)绘制第一条线　　　(b)偏移生成三条线并绘制水平线　　　(c)修剪

图 4.11　壁柱窗套的绘制步骤

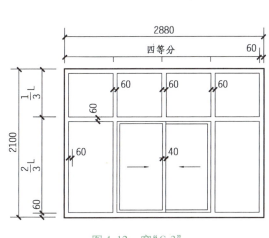

图 4.12　窗"C-3"

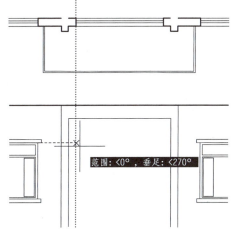

图 4.13　窗轮廓矩形第一点的"追踪"

②绘制等分点等分窗扇,如图 4.14 所示。

a.将窗框内侧矩形【分解】。

b.用【夹点编辑】将左侧和下方两直线分别拉伸 60 mm 到框外侧线(即一个窗档框),如图 4.14(a)所示。

c.用【定数等分】命令将上一步拉伸后的直线等分,其中竖直线 3 等分,水平线 4 等分,如图 4.14(b)所示。

③绘制上下各一窗扇,如图 4.15 所示。【复制】点"1"到点"3",距离 60 mm。通过对角点"1"和"2"绘制下部【矩形】;通过对角点"3"和"4"绘制上部【矩形】("4"点需追踪)。

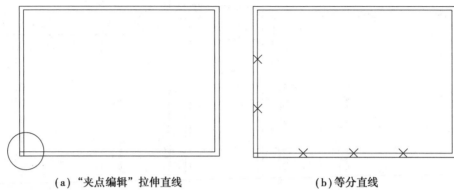

(a)"夹点编辑"拉伸直线　　　　　　　　(b)等分直线

图 4.14　绘制等分点等分窗扇

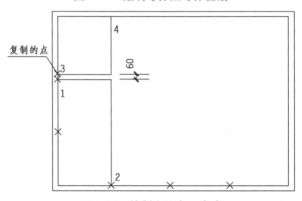

图 4.15　绘制上下各一窗扇

④绘制其他固定窗扇,如图 4.16 所示。【复制】上边窗扇,"基点"和"第二点"的选取如图 4.16(a)中的"×"点。下边窗扇可同理【复制】,也可【镜像】完成。同样用【对象追踪】绘制图 4.16(b)中间的【矩形】,并删除图中所示外框内侧的 4 条线。

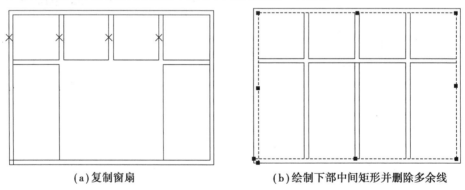

(a)复制窗扇　　　　　　　　(b)绘制下部中间矩形并删除多余线

图 4.16　绘制其他固定窗扇

⑤绘制推拉窗扇,如图 4.17 所示。

a.绘制图 4.17(a)中的【矩形】。右上角点为大矩形的中点。

b.将上一步的矩形向内【偏移】40 mm(扇框宽),如图 4.17(b)所示。

c.将窗扇向右【拉伸】半个扇框宽 20 mm,如图 4.17(c)所示。

d. 将左侧窗扇【镜像】或【复制】到右侧,如[图 4.17(d)]所示。

e.【修剪】图 4.17(e)中圆内的线,使左窗扇压右窗扇。

绘制完成的推拉窗扇如图 4.17(f)所示。

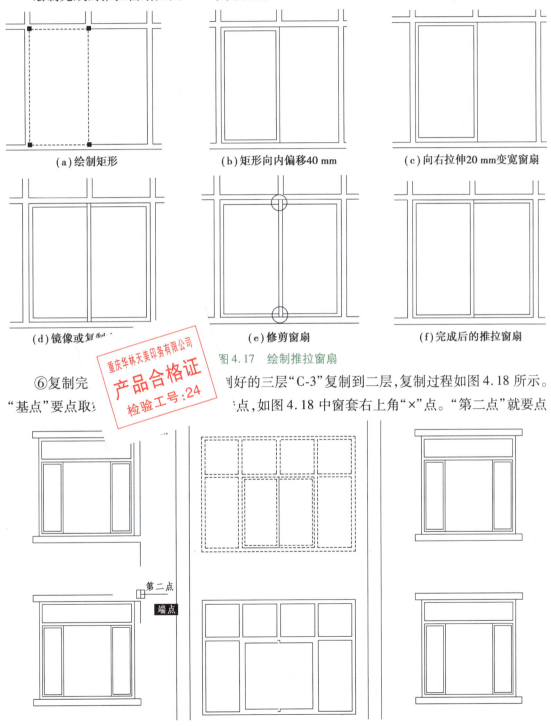

（a）绘制矩形　　　　　　　　（b）矩形向内偏移40 mm　　　　　（c）向右拉伸20 mm变宽窗扇

（d）镜像或复制　　　　　　　　（e）修剪窗扇　　　　　　　　（f）完成后的推拉窗扇

图 4.17　绘制推拉窗扇

⑥复制完成的三层"C-3"复制到二层,复制过程如图 4.18 所示。

"基点"要点取窗套右上角"×"点。"第二点"就要点

图 4.18　复制"C-3"的基点和第二点

取与"基点"对应的点:二层窗套右上角(图中显示的端点处)。

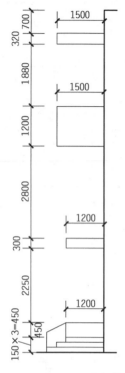

图 4.19　次入口及上部构件

5)绘制次入口及上部构件

图形左侧轮廓之外有次入口的台阶、雨篷和三层的阳台和雨篷,如图 4.19 所示。

(1)绘制次入口台阶

①用【直线】命令绘制第一步台阶。【直线】第一点的画法是:追踪平面图位置点,向下拖动到地平线,交点即为第一点,图 4.20(a)所示。

②【复制】第一步 2 次,如图 4.20(b)所示。

③将踏面 3 条水平线【延伸】到外墙竖直线,如图 4.20(c)所示。

④绘制垂带石,如图 4.20(d)所示。

(2)绘制次入口雨篷(图 4.21)

用【矩形】命令绘制次入口雨篷,第一角点"1"利用对象追踪,对角点"2"输入"1200,300"。

(3)绘制三层阳台

用【矩形】命令绘制三层阳台。第一角点追踪图 4.21 中的"2"点,向上引出极轴方向,输入"2800",对角点输入"−1500,1200",也可绘制水平直线,偏移,再绘制竖向直线。

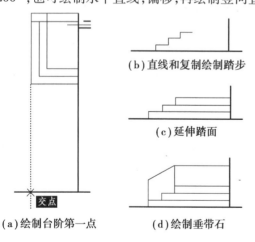

图 4.20　绘制次入口台阶

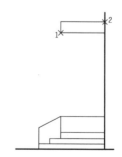

图 4.21　绘制次入口雨篷

绘制次入口及
上部构件

(4)绘制阳台上的雨篷

用【矩形】或直线+偏移命令绘制雨篷,方法同上。

绘制完成的立面图形如图 4.22 所示。

图 4.22　绘制完成的立面图

6）图形标注

立面图的图形标注包括高度方向的尺寸标注、标高标注、外观材料颜色的文字标注等，如图 4.23 所示。水平方向只标注两端轴号，不标注尺寸（相关尺寸需查看平面图）。

（1）尺寸标注

尺寸标注只需标注高度方向的三道尺寸。做法同平面图，先绘制三道尺寸线位置的辅助线，用"线性标注"和"连续标注"进行标注，如果各层相同，可标注一层后，复制其他层。标注好后对尺寸进行编辑。

尺寸标注

（2）标高标注

立面图的标高须标注室内外地面标高、门窗洞口标高、层高处标高以及突出物标高。具体的标注方法是：

①绘制需标注标高位置的水平线。

②复制平面图中的任一标高到各处。

③修改复制的标高文字。

④将拥挤的标高镜像到下方。

标高标注

（3）文字符号标注

①轴号标注。标注立面图两端轴号：①轴和⑧轴。只需将平面图中的①轴和⑧轴复制到立面图，调整位置即可。

②图名标注。用【多行文字】 **A** 注写图名，如图 4.24 所示。图名中的"①、⑧"可通过软键盘插入，高度为 600 mm，宽度因子可调大些，使圆美观；"立面图"字高 700 mm；"1∶100"字高 350 mm。

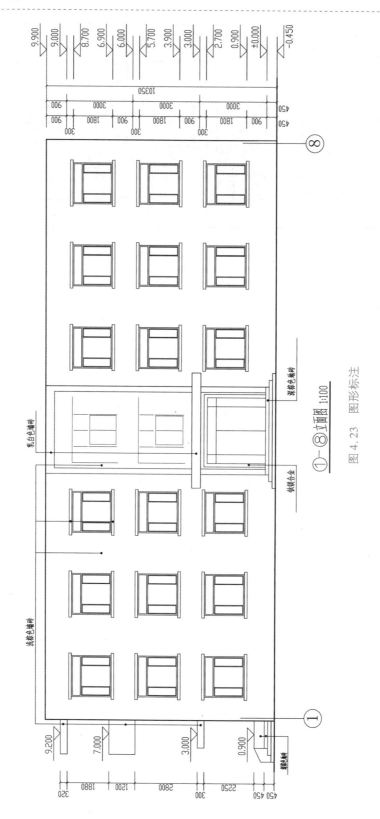

①—⑧立面图 1:100

图 4.23　图形标注

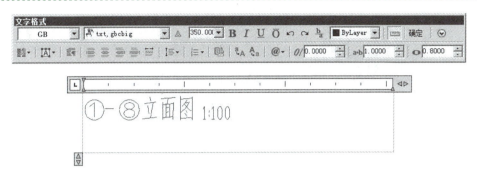

图 4.24　注写图名

③文字引注。立面图中须表达清楚各部位所有的材料和颜色,建筑中采用实心小圆点指引相关位置,用直线引出加以说明文字。绘图时需要绘制实心小圆点,然后绘制直线,用单行文字(动态文字)书写文字内容。

文字符号标注

实心小圆点可通过【圆环】(DONUT)命令,快捷命令"DO",绘制内径为"0",外径为"100"的圆环。操作如下:

命令:　DONUT >>执行【圆环】命令(下拉菜单→绘图→圆环;快捷命令"DO",回车)。

指定圆环的内径 <0.5000>: 0 >>输入内径"0"。

指定圆环的外径 <1.0000>: 100 >>输入外径"100"。

指定圆环的中心点或 <退出> >>点击屏幕一点。

指定圆环的中心点或 <退出>: >>回车退出。

4.1.3　命令拓展:图案填充和渐变色

1)图案填充

对于文字引注的实心小圆点,也可先绘制半径为 50 mm 的圆,再对圆内进行【图案填充】。

"图案填充"的功能是在指定的封闭区域或定义的边界内绘制剖面符号或填充物,以表现该区域的特征。

单击绘图工具栏的图标 、点击下拉菜单的"绘图→图案填充"或输入命令"Bhatch"都可调用【图案填充】命令,弹出"图案填充和渐变色"对话框,如图 4.25 所示。利用该对话框,可以设置图案填充时的图案特性、填充边界以及填充方式等。

(1)选择填充图案

点击对话框中"图案"后面的"…",弹出"图案填充选项板",如图 4.26(a)所示("ANSI"选项)。点击"其他预定义"[图 4.26(b)],选择第一个"SOLID",在"样例"处可显示其样式,单击"确定"按钮。

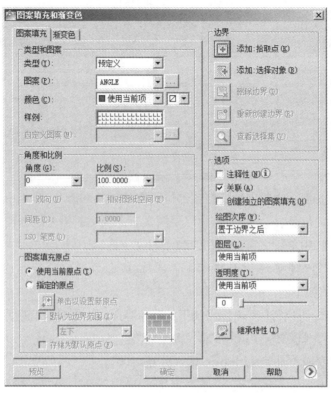

图 4.25 "图案填充和渐变色"对话框

（a）"ANSI"选项中的图案

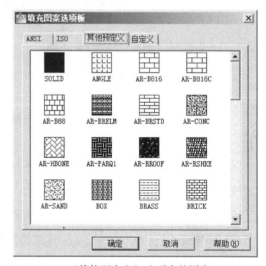

（b）"其他预定义"选项中的图案

图 4.26 图案填充选项板

（2）选择填充边界

选择填充边界有两种方法：

①拾取一个内部点。点击"添加:拾取点"前的"拾取一个内部点"按钮 ，即临时切换到绘图屏幕,在半径为 50 mm 的圆中点击一下后,AutoCAD 会自动确定出包围该点的封闭填

充边界"圆",同时以虚线形式显示这些边界,如图 4.27(a)所示。

②选择对象。点击"添加:选择对象"前的"选择对象"按钮，即临时切换到绘图屏幕。在绘图屏幕中选择"圆","圆"即以虚线形式显示这些边界,如图 4.27(b)所示。被选择的对象应能够构成封闭的边界区域,否则达不到所希望的填充效果。

（a）拾取内部点　　　　　　　　　　　　　　　　（b）选择对象

图 4.27　选择填充边界

最后单击"确定"按钮,完成对圆的填充,如图 4.28 所示。

图 4.28　填充前后的圆

2）渐变色填充

利用该选项卡可以使用一种或两种颜色形成的渐变色来填充图形,如图 4.29 所示。

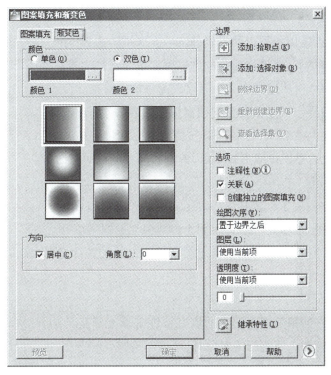

图 4.29　"渐变色"选项卡

3)填充选项区其他说明

(1)角度和比例选项区说明

①"角度"下拉列表框:用于设置填充图案的旋转角度。

②"比例"下拉列表框:用于设置填充图案的比例因子,即控制填充的疏密程度。

③"相对图纸空间"复选框用于设置填充图案按图纸空间单位比例缩放。使用此选项后,可以非常方便地将填充图案以一个合适于用户布局的比例显示。该选项只有在布局视图中才有效。

④"双向"复选框:在"类型"中使用"用户定义"时才起作用。即默认为一组平行线组成图案填充,选中时为两组相互正交的平行线组成填充图案。

⑤"间距":用于定义图案中填充线的间距。此选项只有在"类型"下拉列表框中选择了"用户定义"时才有效。

⑥"ISO 笔宽"下拉列表框:用于设置 ISO 预设置图案的笔宽。此选项只有在"类型"中选择了"预定义",并且选择了一种可用的 ISO 图案时才可用。

(2)图案填充原点选项区

该选项区用来控制图案生成的起始位置。某些图案填充需要与图案填充边界上的一点对齐。在默认情况下,所有图案填充原点都相当于当前的 UCS 原点;也可以选择"指定的原点"及下面一级的选项重新指定原点。

(3)"边界"选项区

①"添加:拾取点":以拾取点的形式确定填充区域的边界。

②"添加:选择对象":以选择对象的方式确定填充区域边界。

③"删除边界(D)":从边界定义中删除以前添加的对象。

④"重新创建边界":用于重新创建图案填充边界。

⑤"查看选择集":查看所选择的填充边界。单击该按钮,AutoCAD 会临时切换到绘图屏幕,将已选择的填充边界以虚线形式显示,单击鼠标右键返回对话框。

(4)"选项"选项区

①"关联"复选框:用于创建其边界时随之更新的图案和填充。

②"创建独立的图案填充"复选框:用于创建独立的图案填充。

③"绘图次序"下拉列表框:用于指定图案填充的绘图顺序,即图案填充可以放在图案填充边界及所有其他对象之后或之前。

(5)"继承特性"

可以使用已存在的相关填充图案的填充特性来填充指定的边界。AutoCAD 不能继承不关联的填充图案的特性。填充新的对象时,可以用拾取点的方法,也可以用选择对象的方法。

（6）孤岛选项区

单击"图案填充和渐变色"对话框右下角的按钮 ⊙，将显示更多选项，用于设置孤岛，创建及填充边界，边界保留等内容，如图4.30所示。

①检测孤岛：确定是否检查孤岛。在进行图案填充时，把位于总填充区域内的封闭区域称为孤岛。

②孤岛显示样式：用于孤岛内存在孤岛的情形。普通样式：对于孤岛内的孤岛来说，采用隔层填充的方法，这是默认设置的样式；外部样式：只对最外层进行填充，不再继续往内绘制填充线；忽略样式：忽略边界内的对象，全部内部结构均被填充线覆盖。

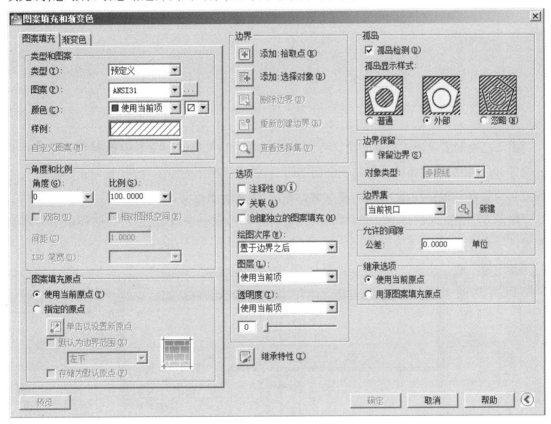

图4.30 "图案填充和渐变色"对话框扩充

（7）"边界保留"选项区

用于指定图案填充时是否保留填充的边界对象，并确定应用于边界对象的类型是多段线还是面域。

（8）"边界集"选项区

当通过指定内部一点而定义边界时，在此部分中可以定义 AutoCAD 要分析的对象集。

（9）"允许的间隙"选项区

可以通过"公差"文本框设置允许的间隙大小。在该参数范围内，可以将一个几乎封闭的区域看作一个闭合的填充边界。默认值为 0 时,对象是完全封闭的区域。

(10)"继承选项"选项区

用于确定在使用继承特性创建图案填充时图案填充原点的位置,可以是"使用当前原点"或是"使用源图案填充的原点"两个选项。

任务4.2 绘制剖面图

4.2.1 任务描述与分析

1)任务描述

根据办公楼的三个平面图和正立面图绘制图 4.31 中的"1—1 剖面图"。

2)任务分析

由于已绘制了平面图和立面图,因此在绘制剖面图时,将剖切位置中剖到的和可见的平面构件,以及相关的立面构件复制到剖面图附近,根据三视图的绘图规则(长对正、宽齐平、高相等),可轻松地追踪到相关尺寸,减少数据输入,加快绘图速度。

绘制方法是先绘制标准层剖面图,然后将其复制形成三层,再通过对首层和顶层的修改和整体填充、标注等来完成图形。

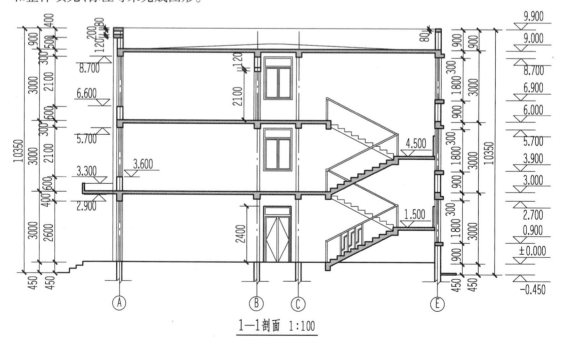

图 4.31　剖面图

4.2.2 设置剖面图层和标准层绘图环境

1)设置剖面图层

增加剖面图层,见表4.1。

表4.1 增加剖面图层

名称	颜色	线型	线宽(mm)
剖-梁板	白色	continuous	0.5
剖-墙体	白色	continuous	0.5
剖-门窗	自定	continuous	0.18
剖-尺寸	自定	continuous	0.18
填充	自定	continuous	0.18
剖-可见	自定	continuous	0.18

注:以对象控制出图打印时,颜色随意;若以颜色控制出图打印时,可不设线宽(默认)。

2)设置标准层绘图环境

先绘制标准层的剖面图,需要获取标准层平面图和立面图的相关信息。

(1)获取标准层平面图的相关信息

①复制与剖面图有关的平面内容(图4.32)。

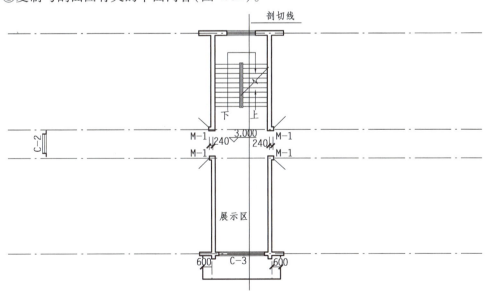

图4.32 复制与绘制剖面图有关的一层平面内容

从首层平面图中可知"1—1"剖面剖切的位置在主入口和楼梯位置,剖面图还可看到走道左端窗"C-2"。故【复制】剖切位置开间处的内容以及"C-2"处的内容。同时将"1—1"剖切位置画一条剖切线。

②处理复制的内容(图4.33)。

【复制】的内容是为了绘图参照,应将其顺时针【旋转】90°;删除不相关内容;【移动】窗"C-2"使参照图形紧凑;【拉伸】轴线,使其变短。

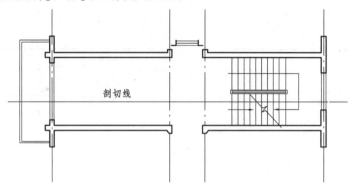

图4.33 处理平面的相关内容

(2)获取立面相关信息(图4.34)

①复制立面中间部分,放在图4.33的左下方,用于绘制A轴处的墙身。

②复制一列"C-1",放在图4.33的右下方,用于绘制E轴处的墙身。注意高度应与上一步一致。

③复制标高标注,用于相关高度尺寸的追踪和参照。

④左右【移动】复制的内容,使其紧凑。

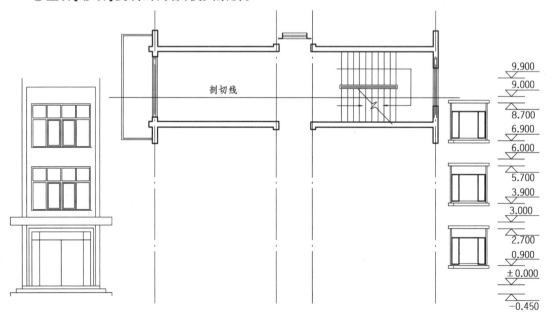

图4.34 布置标准层剖面图的绘图环境

4.2.3 绘制剖切部分

1)绘制辅助线

图 4.35 中画"×"的两条线为通过对象追踪绘制的直线。其他直线通过偏移、复制等命令完成。其中"100"为楼板厚度,"200"的下线为梁底位置。

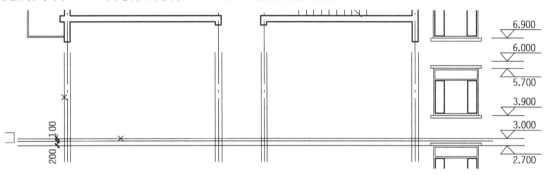

图 4.35 绘制辅助线

2)绘制楼板、梁及雨篷

打开"剖-楼板梁"图层,绘制楼板、梁及雨篷。如图 4.36 所示,图中画"×"的点为绘图时的追踪点,标尺寸的位置需输入数据。

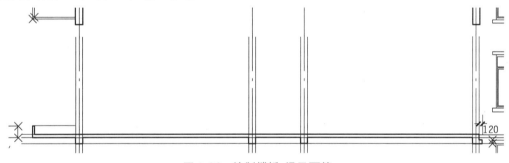

图 4.36 绘制楼板、梁及雨篷

3)绘制剖面墙体和窗(图 4.37)

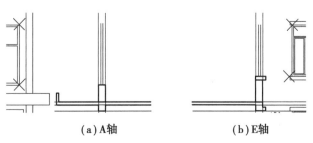

(a)A轴 (b)E轴

图 4.37 绘制剖面墙体和窗

①打开"剖-墙体"图层,绘制 A 轴和 E 轴剖面墙体。墙高通过追踪立面图中窗洞位置。

②打开"剖-门窗"图层,多线绘制 A 轴和 E 轴剖面窗。窗高通过追踪立面图中窗洞位置。

4.2.4　绘制可见部分

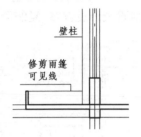

①绘制壁柱线,修剪雨篷可见线(图 4.38)。

②绘制"C-2"的立面图(图 4.39)。"C-2"为推拉窗,其窗高、窗框以及亮子高度均与"C-1"相同。可复制"C-1",然后修改为"C-2"。

　a.复制"C-1"的立面图,如图 4.39(a)所示。

　b.删除右侧窗扇,拉伸窗宽为 1 200 mm,如图 4.39(b)所示。

图 4.38　绘制壁柱、修剪雨篷可见线

　c.拉伸左侧窗扇到中点,再拉伸加宽 15 mm(半个扇框宽),如图 4.39(c)所示。

　d.镜像或复制窗扇,形成另一扇窗,并修剪扇框,如图 4.39(d)所示。

　e.将绘制好的"C-2"移动到走道相应位置,如图 4.39(e)所示。

移动的"基点"选"C-2"的上部中点;"第二点"为追踪走道中间和 E 轴窗上部的交点。

绘制可见部分

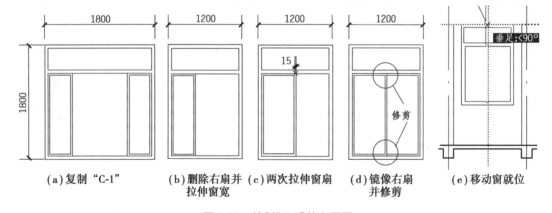

图 4.39　绘制"C-2"的立面图

4.2.5　绘制标准层楼梯

标准层楼梯剖面图如图 4.40 所示。绘制步骤:先绘制梯段、平台、平台梁,再绘制扶手、栏杆。

1)绘制梯段、平台和平台梁

先绘制梯段和平台的上表面线,再绘制下表面线,最后绘制平台梁并进行修剪和删除处理,绘制步骤如图 4.41 所示。

绘制梯段、平台和平台梁

①绘制楼梯段的上表面线,见图 4.41(a)。

a. 将图层"剖-可见"置为当前。

b. 先绘制一个踏步(宽 300 mm,高 150 mm),通过复制完成 10 个踏步,将最上面一步的踏面水平线延伸到窗,形成平台。

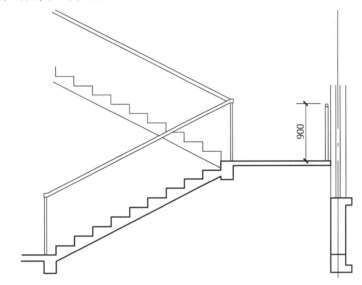

图 4.40　标准层楼梯剖面图

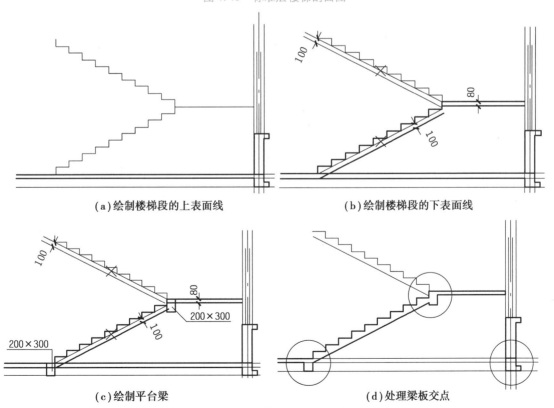

(a)绘制楼梯段的上表面线　　　　(b)绘制楼梯段的下表面线

(c)绘制平台梁　　　　(d)处理梁板交点

图 4.41　绘制梯段、平台和平台梁

c.将踏步(不包括平台线)以平台线为镜像轴,镜像到上侧。

②绘制楼梯段的下表面线,见图4.41(b)。

a.将下部梯段和平台线(剖到部位)的图层修改。先选择要修改图层的对象,然后在"图层"工具栏的下拉列表中点"剖-梁板"图层名即可。

b.绘制连接踏步的辅助线,见图中带"×"的直线。

c.将梯段辅助线向下偏移100 mm(梯段厚为100 mm),注意修改下梯段偏移线的图层(粗线);将平台上表面线向下偏移80 mm(平台板厚为80 mm)。

③绘制200 mm×300 mm的矩形平台梁,见图4.41(c)。

④处理梁板交点,见图4.41(d)。

a.删除梯段的辅助线。

b.【修剪】/【延伸】梁板节点的图线。

2)绘制扶手和栏杆

楼梯扶手和栏杆的绘制过程如图4.42所示。绘制步骤:先绘制扶手并作扶手接头处理,再绘制栏杆,并处理扶手对踏步的遮挡问题。

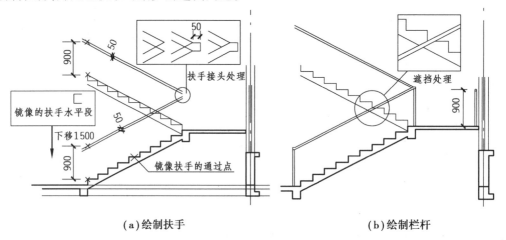

(a)绘制扶手   (b)绘制栏杆

图4.42 绘制楼梯扶手和栏杆

绘制扶手和栏杆

(1)绘制扶手[图4.42(a)]

①绘制连接踏步的辅助线。

②将辅助线向上【移动】900 mm(扶手高度),并将移动后的线向下偏移50 mm(扶手断面高)。

③扶手接头的处理:将上下扶手线做2次【倒角】;绘制扶手连接处的平直段;做【修剪】处理。

④下面扶手左侧转折处的处理:将右侧扶手接头的平直段【镜像】到左侧,镜像轴通过踏步上的"×"点;再向下移动1 500 mm(一个梯段高);用【倒角】命令连接斜扶手。

(2)绘制栏杆[图4.42(b)]

①先绘制扶手转折处的栏杆,栏杆直径为40 mm。踏步上的栏杆等楼层【复制】完后,再

画局部 2~3 个踏步的细部栏杆。

②绘制平台窗口处的栏杆及扶手。栏杆两条竖线间距 40 mm,扶手绘制半径为 25 mm 的圆,扶手顶面高为 900 mm。

③用【修剪】命令修剪扶手对梯段的遮挡。

绘制完的标准层剖面图如图 4.43 所示。

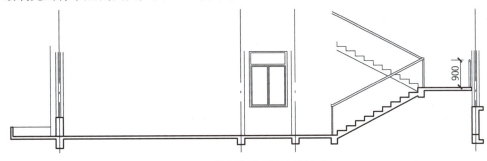

图 4.43　绘制完的标准层剖面图

复制标准层

4.2.6　绘制首层和顶层剖面图

1)复制标准层

首层和顶层剖面图无须重新绘制,向上、向下复制"标准层剖面图"到顶层和首层(位移为层高 3 000 mm)(图 4.44),再进行修改。

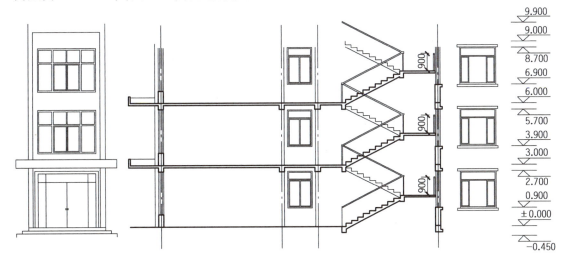

图 4.44　复制标准层剖面图

修改首层剖面图

2)修改首层剖面图

首层剖面图需要修改的地方包括删除地面以下多余线条、绘制主入口处台阶和门、复制走道尽头可见的次入口门、绘制地下墙体等。

①删除多余线条,处理室内地面(图4.45)。

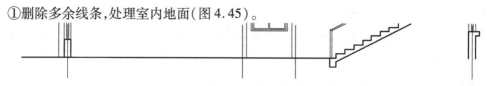

图4.45 删除多余线条,处理室内地面

②修改主入口处门和台阶(图4.46)。

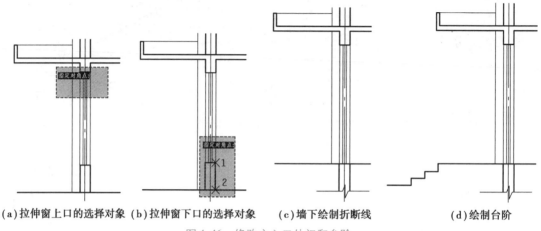

(a)拉伸窗上口的选择对象 (b)拉伸窗下口的选择对象 (c)墙下绘制折断线 (d)绘制台阶

图4.46 修改主入口处门和台阶

a.将窗改为门:窗上口向下【拉伸】100 mm,如图4.46(a)选择对象后,"基点"任意,"第二点"向下 100 mm;窗下口向下【拉伸】落地,如图4.46(b)选择对象后,"基点"和"第二点"分别选图中的"1"点和"2"点。

b.绘制墙线下的折断符号(画法同平面图的楼梯处),如图4.46(c)所示。

c.绘制台阶,如图4.46(d)所示。

③绘制走道尽端的次入口门"M-3"(图4.47)。可将复制的标准层"C-2"进行修改。

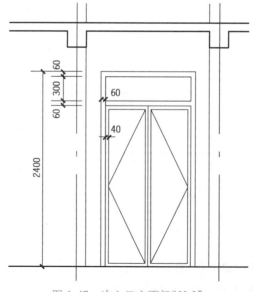

图4.47 次入口立面门"M-3"

④地下墙和地坪的处理(图 4.48)。

a.复制 A 轴处的地下墙到其他位置,并将地下墙向下适当拉伸(超出室外地坪线)。

b.复制左侧室外地坪线到右侧。

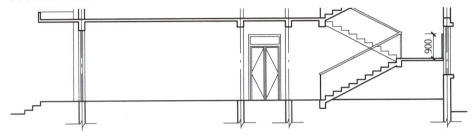

图 4.48 地下墙和地坪的处理

3)修改顶层剖面图

①删除复制标准层剖面图带来的多余线条(图 4.49)。

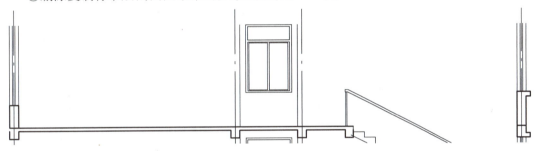

图 4.49 删除复制标准层剖面图带来的多余线条

②修改屋顶(图 4.50)。

a.用"夹点"处理 A 轴过梁和平台梁,使其封闭;然后将顶层楼板向上复制,位移为 3 000 mm,作为屋顶雏形,如图 4.50(a)所示。

b.用【合并】命令连接屋顶上边线与右面过梁上边线。

c.【镜像】A 轴过梁内竖线到 E 轴过梁内竖线,然后与屋顶下边线做【倒角】。

d.绘制屋面坡度线。

修改后的屋顶如图 4.50(b)所示。

③绘制女儿墙(图 4.51)。

a.用【直线】和【复制】命令绘制 A 轴女儿墙断面。

b.用【夹点】连接壁柱线到女儿墙。

c.绘制 E 轴处女儿墙断面。

d.连接女儿墙可见线。

④绘制顶层 B 轴处墙体的剖面图(图 4.52)。

a.在"门窗"图层上绘制窗线。

修改顶层剖面图

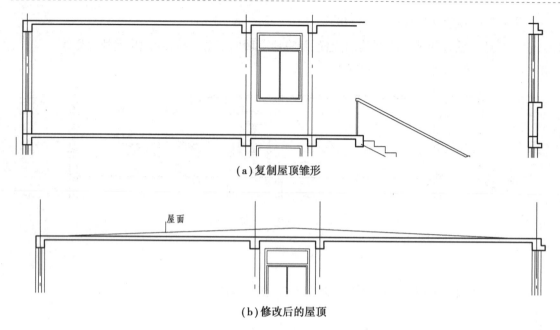

（a）复制屋顶雏形

（b）修改后的屋顶

图 4.50　绘制屋顶

b. 在"墙体"图层上绘制墙线。门上部绘制 120 mm 高的过梁。

绘制完的顶层剖面图如图 4.53 所示。

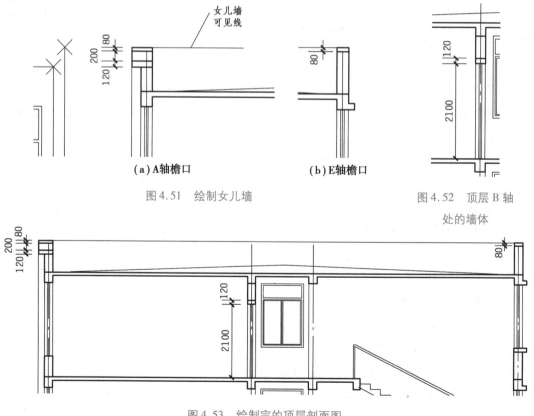

（a）A 轴檐口　　　　（b）E 轴檐口

图 4.51　绘制女儿墙　　　　图 4.52　顶层 B 轴
　　　　　　　　　　　　　　　　　处的墙体

图 4.53　绘制完的顶层剖面图

4.2.7　楼梯局部的修改和栏杆绘制

1)楼梯局部修改

上下层连接处和两个梯段的交叉处需要处理遮挡问题,如图4.54(a)的4个节点需要处理。通过【修剪】命令将4个节点逐一处理,得到如图4.54(b)所示的结果。

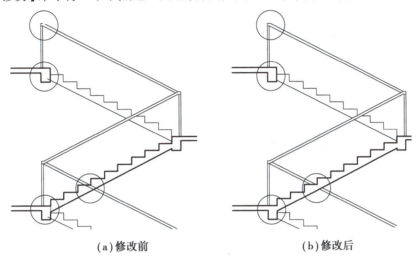

(a)修改前　　　　　　　　　　　(b)修改后

图4.54　楼梯局部修改

2)绘制楼梯局部栏杆

①用【直线】和【偏移】命令绘制辅助线,如图4.55(a)所示。

②用【多线】命令绘制栏杆,如图4.55(b)所示。多线样式选用系统自带的"Standard",对正方式为"无"。竖直栏杆两条线间距为40 mm,比例设为"40",中间的"Z字形栏杆"两条线间距为30 mm,比例设为"30"。

③用【多线编辑】命令编辑栏杆交点。在"多线编辑工具"对话框中,选择"T形闭合"进行编辑,方法同前面讲到的"T形打开"。由于扶手不是用多线绘制的,栏杆与扶手的交点无法用"多线编辑"来处理,需将多线【分解】后,再进行【修剪】,如图4.55(c)所示。

④复制栏杆,如图4.55(d)所示。

4.2.8　剖面填充和图形标注

1)剖面填充

在1:100的图中,钢筋混凝土材料涂黑填充,其他材料不填充。填充时要注意以下几点:
①在进行填充"边界"选择时,不要一次将所有需要填充的界线全部选择,这样不方便后

期对图形的修改,应分步多次填充,使各个填充对象独立。

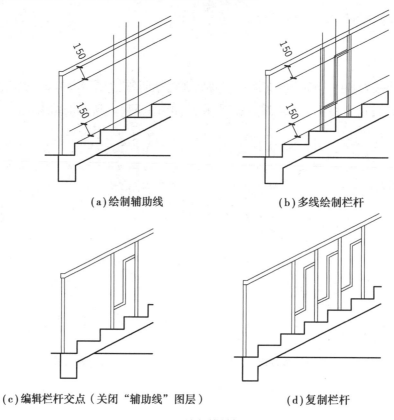

　　(a)绘制辅助线　　　　　　　　　(b)多线绘制栏杆

　　(c)编辑栏杆交点（关闭"辅助线"图层）　　　　(d)复制栏杆

图 4.55　绘制楼梯栏杆

　　②填充"边界"选择"添加:拾取点"比较快捷,但要求拾取的是封闭图形的内部点,否则不能顺利填充(要求作图精确)。

　　③在填充时尽量关闭不相关的图层,如"轴线""辅助线""尺寸"等。

　　④将"填充"图层置为当前,使填充材料符号占一个图层,方便绘图和管理。

填充后的图形如图 4.56 所示。

2) 图形标注

剖面图形标注的内容包括标注标高、标注高度方向的外部三道尺寸线和内部尺寸、标注水平方向的轴号、图名标注。

标注好的剖面图如图 4.57 所示。

图形标注

技能训练

1. 根据办公楼的平面图和正立面图,绘制左侧立面图,如图 4.58 所示。

2. 绘制附录Ⅲ某培训中心南立面图和 2—2 剖面图。

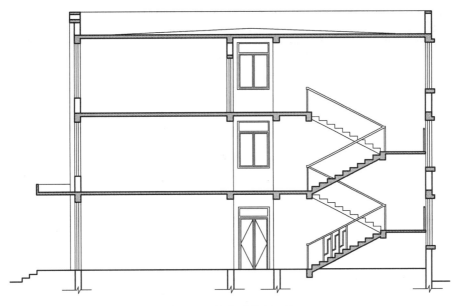

图 4.56 填充后的剖面图

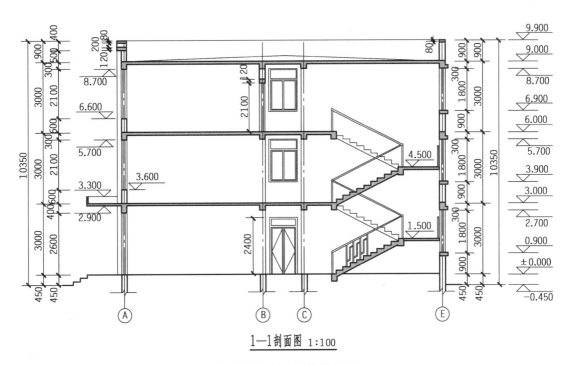

1—1剖面图 1:100

图 4.57 标注后的剖面图

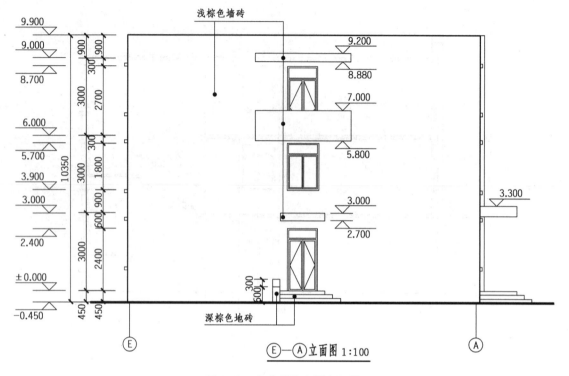

图 4.58　办公楼的左侧立面图

项目 5　绘制建筑详图

项目导学：本项目包括墙身详图及楼梯详图的绘制。绘制的主要方法是从基本图中截取局部，然后进行详细加工，或直接绘制详图。绘制比例仍然是 1∶1，只是图形标注的符号文字等要按出图比例进行调整。详图的比例往往不一，本项目介绍了将相同或不同比例的图形布置在图框中，不用布局直接出图。

任务 5.1　绘制墙身详图

5.1.1　绘图任务与分析

1）绘图任务

根据已绘制的平面图、立面图和剖面图，绘制如图 5.1 所示的 *A—A* 墙身详图，比例 1∶20。

2）任务分析

从首层平面图可知（图 5.2）*A—A* 墙身详图的位置。在已绘制过的"1—1 剖面图"中 D 轴处的窗"C-1"与"*A—A* 墙身详图"中的窗"C-1"形式相同，可作为绘制详图的雏形，将其进一步修改、深化可加快绘图速度。

本详图的比例为 1∶20，绘制时仍然按 1∶1 绘图，在图形标注时要新建针对该比例的标注样式"20"。

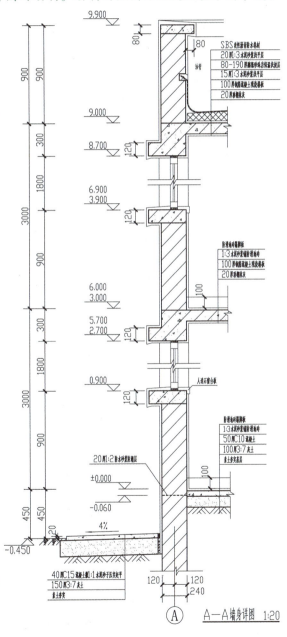

图 5.1　*A—A* 墙身详图

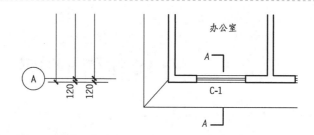

图 5.2　首层平面图中 $A—A$ 剖面图的位置

外墙的墙身大样图一般是由三个节点组成,即地面节点、楼层节点和屋顶节点。

5.1.2　获取墙身详图雏形

获取墙身
详图雏形

1)复制 D 轴的墙身[图 5.3(a)]

在"1—1 剖面图"中,复制 D 轴的墙身,作为绘制详图 $A—A$ 墙身详图的雏形。

2)初步修改 D 轴墙身[图 5.3(b)]

①删除填充,删除 2 层(或 3 层)墙和窗。
②左右镜像墙身。
③修改 D 轴为 A 轴。

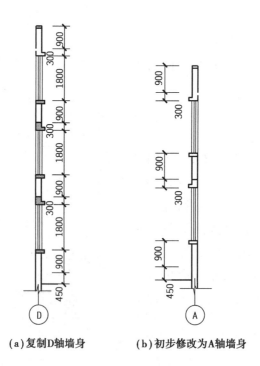

(a)复制D轴墙身　　**(b)初步修改为A轴墙身**

图 5.3　墙身详图的雏形

5.1.3　绘制楼层处墙身详图

1）生成墙体面层

生成墙体面层

（1）构造结构层多段线

①用【打断于点】命令打断窗台板下线［图 5.4（a）］。即将图中 AB 线在"×"点打断，将其变为 2 个对象，左段用于"多线编辑"。

单击"修改"工具栏的图标 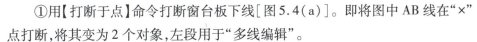，命令行提示及操作如下：

命令：_break 选择对象：>>点选 AB 线。

指定第二个打断点 或［第一点（F）］：_f 指定第一个打断点：>>点击图中的"×"点，再点击 AB 线，发现已变为 2 个对象。

②绘制楼板结构线［图 5.4（b）］。在"剖-楼板梁"图层绘制楼板结构线 CD 和 EF，间距 100 mm（即板厚 100 mm），并对"×"线进行【修剪】。

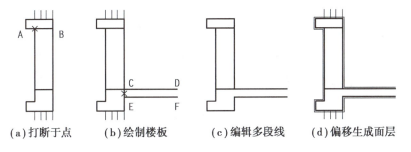

（a）打断于点　　（b）绘制楼板　　（c）编辑多段线　　（d）偏移生成面层

图 5.4　生成墙体面层

③将圈梁和楼板结构线编辑为多段线［图 5.4（c）］。【编辑多段线】命令的调用方法有：在命令行中键入"PEdit"（PE）命令；点击下拉菜单的"修改→对象→多段线"。命令行提示及操作如下：

命令：PE

PEDIT 选择多段线或［多条（M）］：m >>键入"m"，回车。

选择对象：找到 1 个 >>点选或窗选图 5.4（c）中的所有对象。

……

选择对象：找到 1 个，总计 13 个

选择对象：>>选择完毕，回车，结束选择。

是否将直线和圆弧转换为多段线？［是（Y）/否（N）］？<Y> >>回车，执行"是（Y）"。

输入选项［闭合（C）/打开（O）/合并（J）/宽度（W）/拟合（F）/样条曲线（S）/非曲线化（D）/线型生成（L）/放弃（U）］：J >>键入"J"回车，执行"合并"选项。

合并类型 = 延伸

输入模糊距离或［合并类型（J）］<0.0000>：>>回车，执行模糊距离"0.0000"。

多段线已增加 12 条线段

输入选项［闭合(C)/打开(O)/合并(J)/宽度(W)/拟合(F)/样条曲线(S)/非曲线化(D)/线型生成(L)/放弃(U)］:>>回车,结束继续编辑。

在编辑完的多段线对象上单击,对象变虚,可见已变为一个对象。

(2)绘制面层

将"面层"图层置为当前,执行【偏移】命令,将结构轮廓线的多段线向外偏移20 mm,生成面层多段线,如图5.4(d)所示。

2)处理窗台

(1)处理外窗台

①修剪面层,以窗中间的2条线修剪面层线,将窗台分为内、外两部分。同时将窗两侧的2条墙面可见线各向外【移动】20 mm,使其与墙的面层对齐,如图5.5(a)所示。

②将"门窗"图层置为当前,绘制【矩形】窗框断面轮廓;绘制窗玻璃的2条竖线,如图5.4(b)所示。

③绘制外窗台的排水坡和滴水线,如图5.5(c)所示。将面层多段线在"A"点【打断于点】(A点距B点约40 mm);通过【夹点】将图中"C"点向上拉约10 mm,形成外窗台的排水坡;将"B"点向下拉约5 mm,形成"鹰嘴"(面层贴瓷砖,常做这种滴水形式)。

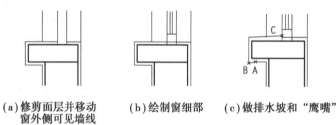

| (a)修剪面层并移动
窗外侧可见墙线 | (b)绘制窗细部 | (c)做排水坡和"鹰嘴" |

图5.5 外窗台处理

(2)处理内窗台

①绘制通过"D"点的【直线】("D"点距面层水平线50 mm,);将面层多段线在"D"点处【打断于点】,如图5.6(a)所示。

②将"D"点之上的多段线向外定距10 mm 做【偏移】,偏移过程中选择删除源对象,如图5.6(b)所示。

③利用【夹点】将线条缩短或拉长,如图5.6(c)所示。

(3)绘制窗框与墙之间的填充物

窗框与墙体之间的缝隙应填充沥青麻丝等填充物(图5.7),可以用【样条曲线】命令来完成。

【样条曲线】(Spline)命令的调用方法:单击绘图工具栏的图标✓;点击下拉菜单的"绘

图→样条曲线"。调用命令后,命令行提示及操作如下:

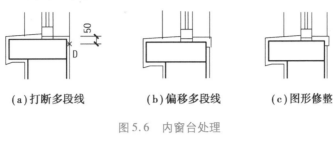

(a)打断多段线   (b)偏移多段线   (c)图形修整

图 5.6 内窗台处理

图 5.7 用"样条曲线"命令绘制窗缝填充物

命令:_spline

指定第一个点或〔对象(O)〕:>>在填充区域的左上侧单击。

指定下一点:>>在区域下部单击。

指定下一点或〔闭合(C)/拟合公差(F)〕<起点切向>:>>再在区域上部单击。

······ >>反复点取上下点。

指定下一点或〔闭合(C)/拟合公差(F)〕<起点切向>:>>回车,执行"起点切向"。

指定起点切向:>>在起点靠左上方单击(观察曲线光滑即可)。

指定端点切向:>>在端点靠右上方单击(观察曲线光滑即可)。

用"样条曲线"命令绘制的图形为一个对象。

3)楼板及窗楣处节点处理

(1)窗楣(窗上口)细部绘制与修改

①绘制如图 5.8(a)所示的辅助线。将绘制好的窗台节点处的窗细部和填

楼板及窗楣
处节点处理

充物【镜像】到下部。镜像轴为通过辅助线中点的水平线。将窗台的"坡线"和
"鹰嘴"复制到下部窗楣处。

②利用【修剪】/【延伸】命令修改图形,如图 5.8(b)所示。

(2)绘制踢脚

踢脚高度为 100 mm。绘制【直线】距楼板结构层 120 mm(利用"对象追踪"),如 5.9
所示。

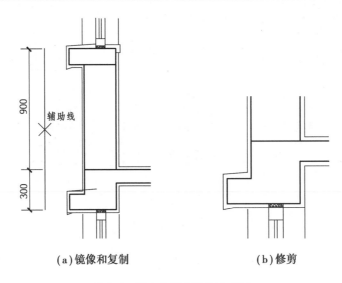

(a)镜像和复制 　　　　　　　　(b)修剪

图 5.8 窗上部细部绘制与修改

(3)调整标高位置

由于 1:100 的图形没有面层,标高位置标在结构层的上表面,而详图画了 20 mm 厚的面层,故应将楼板往下降,梁截面高度缩小 20 mm。用【拉伸】命令修改如图 5.9(a)所示,图中"300"高指向楼板结构层上表面;图 5.9(b)的"300"高指向楼板面层上表面,实际上是梁高度缩小了 20 mm。

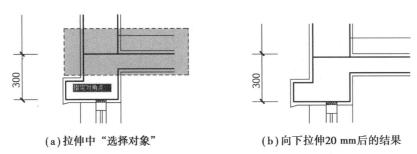

(a)拉伸中"选择对象" 　　　　(b)向下拉伸20 mm后的结果

图 5.9 标高位置的调整

4)绘制折断线并填充

折断线符号和填充图案如图 5.10 所示。

(1)绘制折断线符号

①用【缩放】命令将复制来的折断线符号缩小为 1/5(比例因子为 0.2)。

注意:复制来的折断线符号是 1:100 图形的符号,用于 1:20 的图形应将其缩小为 1/5。

②将缩小后的折断线符号【复制】到窗的折断位置。

③将缩小后的折断线符号【复制】并【旋转】90°,然后将其移动到楼板折断位置。

绘制折断线
并填充

④【修剪】折断线之外的窗线、楼板等。

（2）图案填充

砖墙的图案可一次填充完毕。窗台和梁板为钢筋混凝土材料，AutoCAD 图案库中没有这种图案，需要分两次填充。

①在窗台、墙体和梁板的界线内填充 45°斜线图案，即砖材符号。图案选择"ANSI"选项的第一个，"比例"约为"20"，如图 5.11 所示。注意各种图案的"比例"都不同，需要试填，建筑图形一般先试填"100"，再根据"预览"效果调整比例，比例越大填充的图案越密，反之越稀。

②再在窗台和梁板界线填充"混凝土"材料图案。图案选择"其他预定义"选项的第 2 行第 4 个"AR-CONC"，"比例"约为"1"，如图 5.12 所示。

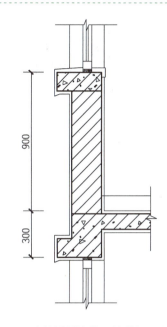

图 5.10　绘制折断线符号并进行图案填充

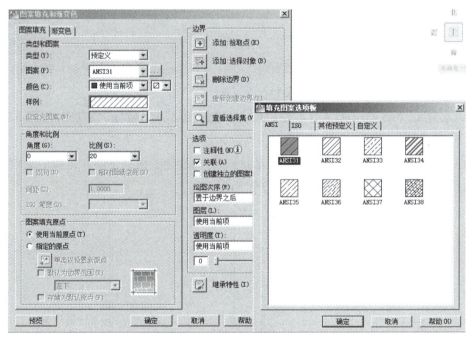

图 5.11　砖材图案的填充

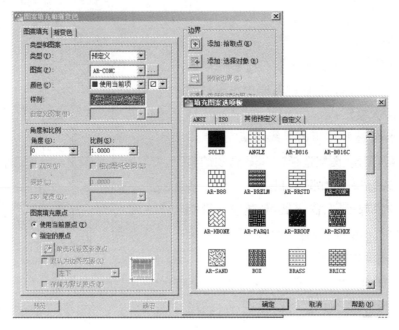

图 5.12 混凝土图案的填充

5.1.4 绘制檐口详图

檐口节点基形

1）檐口节点基形

①复制加工了的墙身雏形，如图 5.13（a）所示。

②删除窗线，并将已绘楼层节点处的窗上口相关图线复制到该节点图，如图 5.13（b）
所示。

③向上【拉伸】楼板面层线 20 mm，回复原标高位置，注意屋顶标高在结构层上表面。在
"剖-梁板"图层绘制楼板结构线，如图 5.13（c）（所示）。

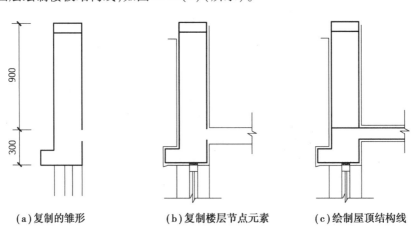

(a)复制的雏形　　　　(b)复制楼层节点元素　　　(c)绘制屋顶结构线

图 5.13 檐口节点基形

2）绘制檐口详图

檐口详图如图 5.14 所示。

绘制檐口详图

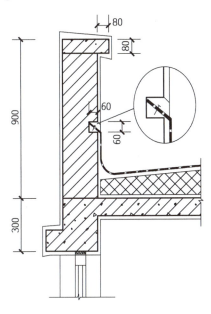

图 5.14　檐口详图

（1）绘制油毡下部层次［图 5.15（a）］

油毡下部包括保温找坡层、泛水收头的凹槽和找平层。

①绘制保温层找坡层的斜线，斜度能显示出即可。

②向上【复制】斜线，位移为 20 mm，形成找平层。

③绘制油毡收头处的墙体凹槽，凹槽尺寸为 60 mm×60 mm。

④将面层竖线打断，下部向左移动 8 mm（油毡厚度）。

⑤绘制进入凹槽的斜线。

（2）绘制油毡防水层。

①沿着泛水找平层的轮廓绘制多段线，如图 5.15（b）所示。

②将多段线在泛水处做圆角，圆角半径设为 100 mm，如图 5.15（c）所示。

③将多段线向右上方定距偏移（偏移距离为 4 mm）2 次，形成 3 条多段线，如图 5.15（d）所示。

④将中间一条多段线修改为油毡（宽度为 8 mm 的虚线）。做法是：点击多段线，按"Ctrl+1"打开"特性"（图 5.16），修改线型为"ACAD-ISO02W100"（虚线），若没有此线型，可在"格式-线型"中加载；"线型比例"改为"5"；"全局宽度"改为"8"。

（3）绘制泛水收头处理和压顶（图 5.17）。

①泛水收头的处理。用直线绘制水泥钉，将上部面层线延伸到油毡。

157

②绘制压顶。将压顶向屋顶伸出 80 mm。修改面层线,上表面向屋顶坡,右下角向下拉形成滴水。

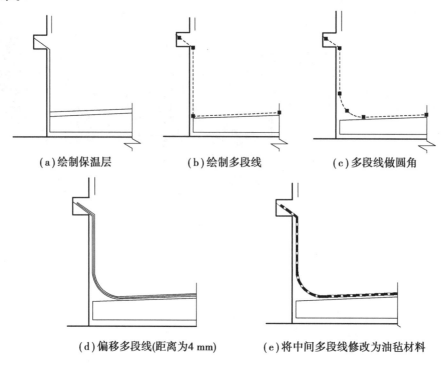

(a)绘制保温层　　　(b)绘制多段线　　　(c)多段线做圆角

(d)偏移多段线(距离为4 mm)　　(e)将中间多段线修改为油毡材料

图 5.15　绘制油毡防水层

图 5.16　"特性"修改多段线(油毡)

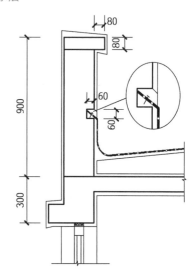

图 5.17　绘制泛水收头处理和压顶

3）图案填充

钢筋混凝土、砖材的填充同楼层节点。

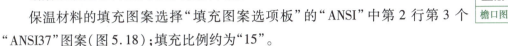
檐口图案填充

保温材料的填充图案选择"填充图案选项板"的"ANSI"中第 2 行第 3 个"ANSI37"图案（图 5.18）；填充比例约为"15"。

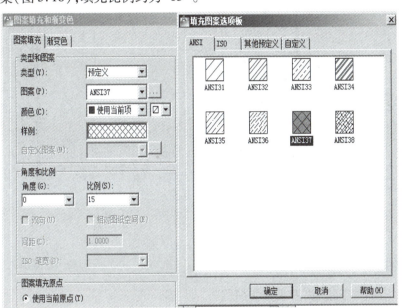

图 5.18　保温材料的填充

5.1.5　绘制墙脚详图

绘制墙脚详图

1）绘制墙脚

墙脚的绘制与上部节点相似，先复制前面节点的窗、窗台、楼面层、踢脚等相关的线条，再进行修改和绘制，图 5.19 给出了绘制该详图的相关尺寸。下面只就以下几点绘制方法加以说明：

①绘制散水时，先画好水平的散水，再将右侧适当拉伸，以显示坡度。

②地面之下 60 mm 的位置是墙身水平防潮层，绘制 8 mm 宽的多段线，将线型改为"虚线"。

③用【缩放】命令将图中 A 轴的符号缩小为 1/5，即"比例因子"为"0.2"。

2）图案填充

墙脚详图的材料图案填充如图 5.20 所示，也有砖、混凝土、砂浆、沥青麻丝、涂黑（沥青胶），绘制与填充方法不再赘述。这里介绍一下"素土夯实"的绘制方法。

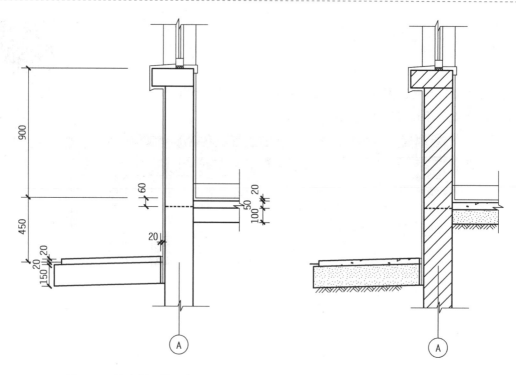

图 5.19　墙脚详图的图形绘制　　　　　　　　图 5.20　图案填充

（1）在水平地坪下绘制"素土夯实图例"

①绘制图 5.21（a）左侧第一条斜线。第一点在图中直线上任点，下一点输入"−60，−60"，使"素土夯实"符号高度为 60 mm（在 1∶20 的图中）。向右复制斜线，位移分别为 40、80 mm。将三条斜线以通过 A 点的竖向线为镜像轴向右侧镜像。

②修剪镜像的斜线，如图 5.21（b）所示。

③向右复制图例。

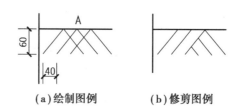

（a）绘制图例　　　　　（b）修剪图例

图 5.21　在水平地坪下绘制"素土夯实图例"

（2）在散水下沿斜线方向处理"素土夯实图例"

①将绘制好的一个图例复制到散水下，A 点在斜线上，如图 5.22（a）所示。

②【旋转】复制的图例。"基点"要选择 A 点，"指定旋转角度"要在斜线上的其他位置如 B 点任意点击，由 AB 直线决定旋转角度，如图 5.22（b）所示。

③复制旋转后的图例。"基点"选择图例的左下点；"下一点"选择图例的右下点，如图 5.22（c）所示。

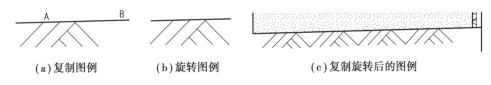

（a）复制图例　　　　（b）旋转图例　　　　（c）复制旋转后的图例

图 5.22　在散水下沿斜线方向处理"素土夯实图例"

5.1.6　详图标注

1）文字、符号标注

关于图形的标注方法在前面已经介绍过，对 1∶100 的图形，我们是按照 1∶1 绘制的，所有标注的符号、文字大小等在绘制时都比制图规范要求的样式大小扩大了 100 倍，包括图框尺寸也扩大了 100 倍，如制图规范要求"7 mm"高的图名，我们绘制的高度是"700"；"直径24 mm"的指北针我们绘制的圆直径为"2 400"。这样在出图时，设置打印比例为"1∶100"，输出的图形就缩小为 1%，标注的符号、文字大小、图框等在出图缩小为 1% ，正好是制图规范所规定的样式大小。

对于 1∶20 的图形，按照上面 1∶100 的绘制和标注方法，已经按照 1∶1 绘制了图形，那么在标注时，只要把规范要求的标注符号、文字大小、图框等都比制图规范扩大 20 倍，在出图时，设置打印比例为"1∶20"，输出的图形就缩小为 1/20（即 1∶20），标注的符号、文字大小、图框等在出图缩小为 1/20 后与制图规范要求正好一致。

具体在标注时，由于 1∶100 的图形已标注过，能将其复制过来进行修改，要比直接绘制快得多，在这种情况下，只要将复制来的图形符号缩小为 1/5 就可以用了。

2）尺寸标注

墙身详图的
标注

尺寸标注的符号大小、文字大小是由"标注样式"设定的，这就需要针对"1∶20"的图形新建一个标注样式"20"（自定）。

（1）设置"20"的标注样式

单击下拉菜单的"格式→标注样式"，弹出"标注样式管理器"，单击"样式"列表中的"100"样式，单击"新建"按钮，弹出"创建新标注样式"对话框（图 5.23），再将"新样式名"下的名称修改为"20"（用于 1∶20 图形的标注样式），此时基础样式是"100"，即在"100"标注样式的基础上进行修改。

单击"继续"按钮，弹出"新标注样式:20"对话框。只需将"调整"选项中"使用全局比例"修改为"20"，其他项均保持不变（图 5.24）。

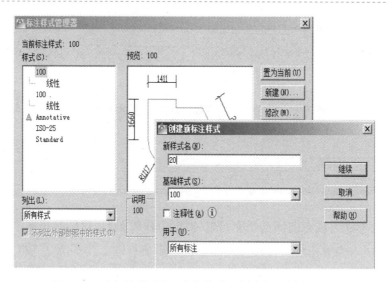

图 5.23　在标注样式"100"的基础上新建标注样式"20"

图 5.24　新建标注样式"20"调整"使用全局比例"为"20"

（2）为"20"的标注样式创建"副本"

样式"20"的起止符是箭头,用于"所有标注",即角度、半径、直径等,创建副本的目的是将"副本"的样式用于"线性标注",建筑尺寸标注的起止符（即箭头）是斜线（即建筑标记）。前面讲述过为"100"的样式创建"副本",同样用于标注样式"20"（图 5.25、图 5.26）。创建副本后,在标注时将"20"置为当前,线性标注用"副本 20",其他标注用样式"20"。

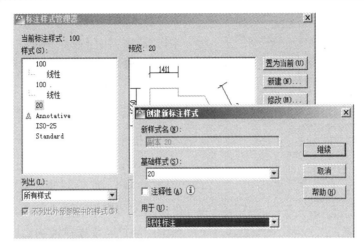

图 5.25 为"20"的标注样式创建"副本"

图 5.26 修改副本的"箭头"为"建筑标记"

(3)尺寸标注

在对"1∶20"的图形进行尺寸标注时,应将"20"的标注样式置为当前,然后用前面标注过的方法进行标注。

(4)尺寸修改

在详图中经常会将某些不需要详细表达的构件中部折断,如本墙身详图的窗[图 5.27(a)],由于被折断,正常标注的尺寸"457"是系统测量尺寸,不是我们想要标注的"1800",可以双击尺寸"457",直接修改为"1800"[图 5.27(b)]。

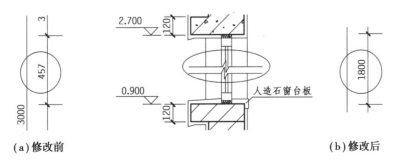

(a)修改前　　　　　　　　　　　　　　　　　(b)修改后

图 5.27 窗高尺寸的修改

图 5.28 在"特性"对话框中修改尺寸标注的文字

修改尺寸文字的另一种方法是调用【特性】对话框：快捷命令"Ctrl+1"或下拉菜单的"修改→特性"。没选择对象时，对话框左上角显示"无选择"，当选择一个对象（如需要修改的尺寸）后，对话框中显示该对象的特性。单击对话框中"文字"后面的 ，展开"文字"列表，在"测量单位"后可看到尺寸标注的文字"457.1331"，在下一行的"文字替代"后面的空格中填入"1800"（图 5.28）。单击屏幕，可看到图中的尺寸文字已改为"1800"。

若要修改其他对象，点键盘的"Esc"键，再选择其他对象即可。修改完对象特性后单击"特性"对话框中的"×"即可关闭。

5.2 绘制楼梯详图

5.2.1 任务描述与分析

任务描述：根据已绘的办公楼平面图和剖面图，绘制该办公楼的楼梯详图，包括楼梯平面详图和剖面详图，比例为 1∶50。

任务分析：

楼梯平面详图可通过复制首层平面图、标准层平面图、顶层平面图中的楼梯，将它们修改为楼梯详图，并用"50"的标注样式进行标注。

楼梯剖面详图可通过复制剖面图中的楼梯，将其修改为楼梯详图，并用"50"的标注样式进行标注。

5.2.2 绘制楼梯平面详图

绘制如图 5.29 所示的楼梯平面详图，步骤如下：

楼梯平面雏形

1）楼梯平面雏形

①复制各层楼梯间。

②删除多余对象。

③绘制矩形框，将楼梯间周围多余对象进行修剪。

④旋转平面图"-90°"。

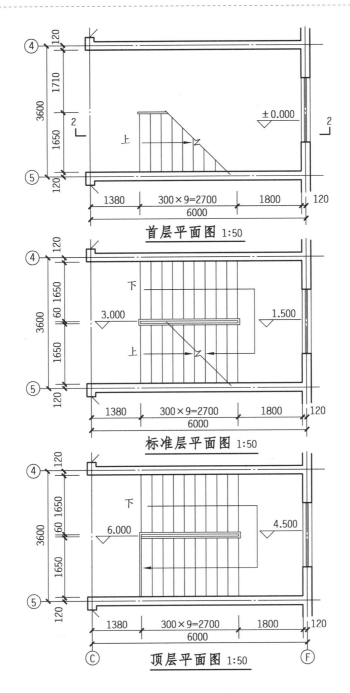

图 5.29　楼梯平面详图

⑤将楼梯间按首层、标准层、顶层的顺序上下排列整齐。

楼梯间平面图雏形如图 5.30 所示。

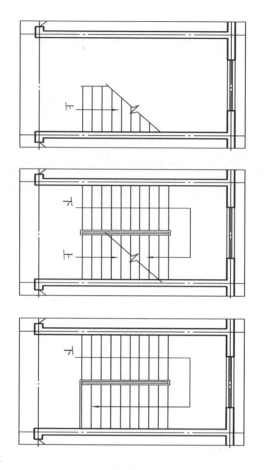

图 5.30　楼梯平面图雏形

2) 符号标注

楼梯平面
符号标注

①对于三个平面图,先修改一层的标注,再复制到其他两层进行修改。

②文字、标高、轴号、图名、折断线、剖切号等符号都可以从 1∶100 平面图中复制,并【缩放】50%后,有文字的再双击修改文字内容。

③文字"上"通过逆时针【旋转】90°,再【缩放】50%;其他"上、下"文字可通过"特性匹配"命令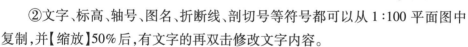来修改,该命令类似于 Word"文件中的"格式刷"。

命令行提示如下:

命令:'_matchprop

选择源对象: >>点选首层修改后的文字"上"。

当前活动设置:颜色 图层 线型 线型比例 线宽 厚度 打印样式 标注 文字 填充图案 多段线 视口 表格材质 阴影显示 多重引线 >>显示可修改的项目。

选择目标对象或［设置(S)］:指定对角点: >>包含窗口选其他文字。

选择目标对象或［设置(S)］: >>回车退出。

其他文字都按首层"上"的特性进行修改:旋转和缩放,与"上"的特性一致。

楼梯平面
尺寸标注

3)尺寸标注

尺寸标注需新建针对1:50图形的标注样式。在标注样式"100"的基础上新建标注样式"50"及其副本,方法同前面讲过的标注样式"20"。只是将"标注样式"对话框中"调整"项的"使用全局比例"修改为"50"。

用"线性标注"和"连续标注"标注平面图的尺寸,并用"夹点"编辑标注文字的位置。

其中,梯段长度"2700"需修改为"300×9 = 2700"双击该尺寸,"×"可打开软键盘进行输入。

5.2.3 绘制楼梯剖面详图

绘制如图5.31所示的楼梯剖面详图,步骤如下:

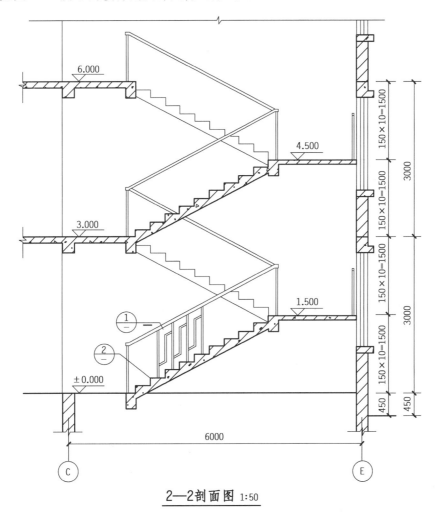

2—2剖面图 1:50

图5.31 楼梯剖面详图

1）楼梯剖面图形、符号和填充

（1）获取剖面图雏形

."1—1 剖面图"已剖到楼梯间,将楼梯间部分复制;删除多余内容,并绘制矩形辅助线进行修剪,如图5.32 所示。

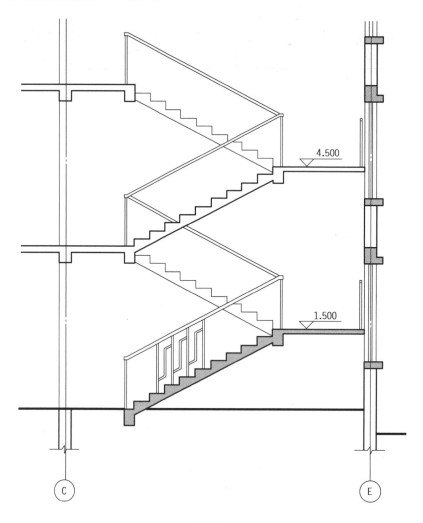

图 5.32　楼梯剖面图雏形

（2）符号标注

将已绘 1:100 图形中的折断线、标高、轴号、图名等符号【缩放】0.5 倍,用于本图并进行修改。

（3）图形填充

在 1:50 的图形中,剖到的钢筋混凝土和砖墙应填充材料符号。可双击已填充的图例进行修改。

2)尺寸标注与详图索引

(1)尺寸标注

将"50"的标注样式置为当前,用"线性标注"和"连续标注"标注高度方向的两道尺寸线和水平方向的轴线尺寸。梯段的高度尺寸"1500"应将文字改为"150×10＝1 500",双击修改,"×"可打开软键盘输入。

(2)绘制详图索引符号

详图索引符号中的圆直径为 8 ~ 10 mm,在 1∶50 的图中绘制 400 ~ 500 mm,本图绘制的圆半径为 200 mm。

技能训练

1.抄绘如图 5.33 所示的墙身节点详图(1∶20)。

2.绘制附录Ⅲ某培训中心楼梯平面详图和剖面详图(1∶50)。

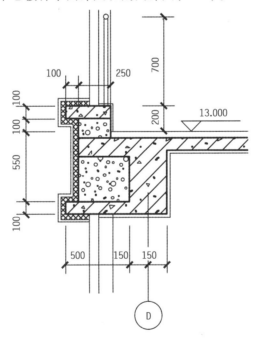

图 5.33　某墙身节点详图

项目6　图形布置与打印

　　项目导学：打印输出图纸是计算机绘图中的一个十分重要的环节。AutoCAD 系统为我们提供了两个虚拟的计算机绘图设计空间——模型空间和图纸空间。根据设计者的习惯和图形需要，可以在模型空间中直接打印出图，也可以在图纸空间中利用布局进行打印出图。本项目重点介绍在模型空间和图纸空间中打印出图的方法。

任务6.1　在模型空间中布置并打印图形

　　前面的绘图都是在模型空间中进行的。模型空间没有界限，画图方便。建筑图形一般尺度较大，大部分图纸布置成一个图形，或同一比例的几个图形，少量图纸布置不同比例的图形。因此在模型空间中出图也是很方便的，它省去了在图纸空间中创建视口的过程，并且在模型空间中就能直观地看到所绘图纸的全貌，方便图形在不同图框中的调整与全套图纸的布置。在模型空间中将每一张图（包括图框）都绘制好并且布置好，就可以在模型空间出图。

6.1.1　任务描述与分析

1）任务描述

　　将不同比例的图形布置在同一个图框中，并在模型空间输出。具体如下：
　　①绘制如图4.1所示的办公楼正立面图（1:100）中 C-1 窗的详图（1:20）。
　　②插入 2.6 节绘制的 A3 图框（块）。
　　③将正立面图（1:100）、C-1 详图（1:20）和图框布置在一张图上，如图 6.1 所示。
　　④在模型空间中输出 PDF 格式的图形。

2）任务分析

　　将不同比例的图形布置在同一图框中，首先要选定主图的比例为输出比例，其他比例的详图要按主图的比例进行调整。

　　我们将正立面图的比例 1:100 作为输出比例，正立面图是按 1:1 绘制的，只要出图时按 1:100 输出，即图形缩小为 1/100，比例就是 1:100。

　　C-1 窗可从立面图中复制，图形仍为 1:1 绘制，用前面讲述的名为"20"的标注样式进行标注，创建块，再用【缩放】命令扩大 5 倍，打印时按 1:100 输出，比例就是 1:20。

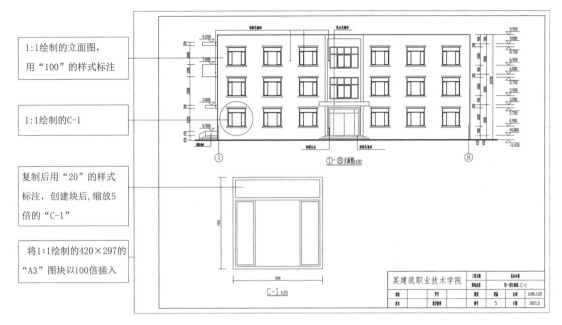

左侧标注文字：

1:1绘制的立面图，用"100"的样式标注

1:1绘制的C-1

复制后用"20"的样式标注，创建块后，缩放5倍的"C-1"

将1:1绘制的420×297的"A3"图块以100倍插入

图 6.1　不同比例的图形布置在同一个图框中

前面讲的 A3 图框(块)是按 1∶1 绘制的(420 mm×297 mm)，插入时扩大 100 倍，打印时按 1∶100 输出的尺寸仍然是 420 mm×297 mm。

6.1.2　打印步骤与分析

1)在模型空间中布置图形

(1)在正立面图(1∶100)中布置 C-1(1∶20)

①复制正立面图中的 C-1。

②用名为"20"的标注样式进行尺寸标注。

③将标注好的 C-1 创建块，并插入块(5 倍)，或用【比例】(SC)命令将转化为块的 C-1 扩大 5 倍。

④复制其他图名并修改为"C-1 1∶20"。

(2)插入图框并布置图形

①插入前面 1∶1 绘制的"A3"块(420 mm×297 mm)，"统一比例"为"100"。

②布置图形，填写标题栏。

2)模型空间的页面设置

在模型空间中，点取文件下拉菜单的"页面设置"命令，屏幕弹出"页面设置管理器"对话框(图 6.2)。

在模型空间中布置图形

模型空间的页面设置

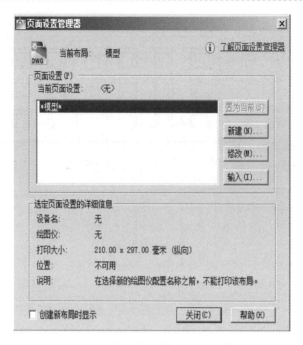

图 6.2 "页面设置管理器"对话框

单击"新建"按钮,弹出如图 6.3 所示的"新建页面设置"对话框,命名"新页面设置名":"A3",单击"确定"按钮。

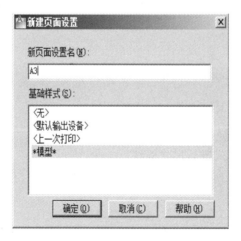

图 6.3 "新建页面设置"对话框

在弹出的"页面设置-A3"对话框中设置完成的界面,如图 6.4 所示。

"页面设置-A3"的设置方法如下:

①单击"打印机/绘图仪"下面"名称"的下拉列表,从中选择出图连接的打印机/绘图仪:"DWG TO PDF. pc3"。如果直接打印,选择连接的打印机或绘图仪。

②图纸尺寸:在下拉列表中选择"ISO A3(420.00×297.00 毫米)"。

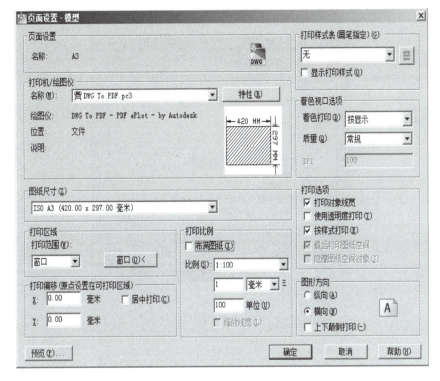

图6.4 "页面设置-A3"对话框设置完成后

③修改标准图纸A3的打印区域。单击"特性"按钮,弹出"绘图仪配置编辑器-DWG TO PDF. pc3"对话框(图6.5),在对话框中单击"修改标准图纸尺寸(可打印区域)",在下拉列表中点选"ISO A3(420.00×297.00...)"再单击右侧的"修改"按钮,弹出"自定义图纸尺寸-可打印区域"对话框(图6.6),分别把"上(T)、下(O)、左(L)、右(R)"框中的数值改为"0",即页边距为0,可打印区域与图纸大小一致;然后选择"下一步",选择"完成"。注意:用户可根据实际图纸尺寸"自定义图纸尺寸"和"可打印区域"。

④打印比例:在模型空间中出图,要按出图比例来设置图形单位。如出图比例是1:100,在"比例(S)"下拉列表中选择"1:100",也可以在"单位"前键入"100"。

⑤打印区域。在模型空间中绘制了多张建筑图,打印范围适合选"窗口"法。单击"窗口(O)<",返回绘图屏幕,窗选打印的部分,返回"页面设置"对话框。

⑥打印样式。系统默认的打印类型是颜色相关的打印样式(∗.ctb),即打印样式表(笔指定)。选择"None"(无),"着色打印"选择"按显示"。另外还有多种打印样式,如"acad.ctb"是系统默认打印样式表;"Monochrome.ctb"是打印时将所有颜色转换为黑色;Grayscale.ctb是打印时将所有颜色转换为灰度等。

另一种打印类型是"命名打印样式表(∗.stb)"。切换这种打印类型,需要选择下拉菜单"工具→选项",在对话框的"打印和发布"选项卡中单击"打印样式表设置"(图6.7),弹出系统默认的打印样式表:使用颜色相关打印样式,如图6.8所示。在默认打印样式列表中可以选择相应的打印样式。

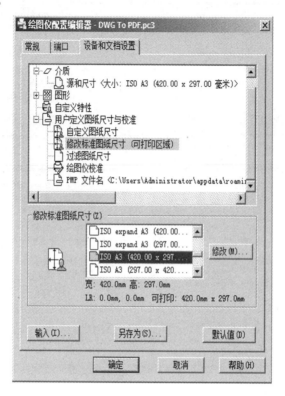

图 6.5   选择"修改标准图纸尺寸"下的"ISO A3"

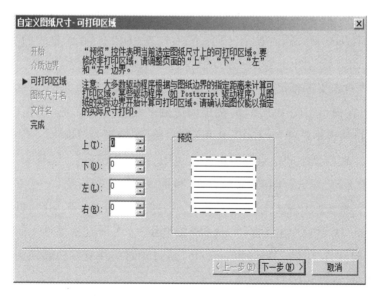

图 6.6   修改可打印区域

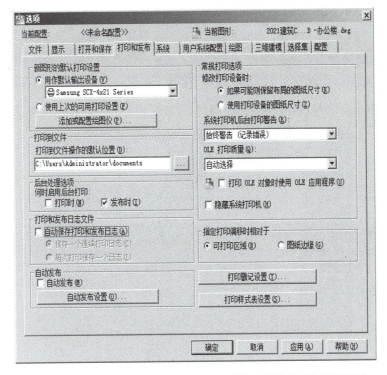

图6.7 在"选项"对话框中选"打印和发布"下的"打印样式表设置"

图6.8 选择"使用命名打印样式"

　　命名打印样式表使用直接指定给对象和图层的打印样式。使用这些打印样式表可以使图形中的每个对象以不同颜色打印,具有相同颜色的对象也可能以不同方式打印,最终效果取决于指定给对象的打印样式,而与画图时屏幕显示的对象本身的颜色无关。命名打印样式表的数量取决于用户的需要。使用"特性"工具栏可以更改对象的打印样式,使用图层特性管理器可以更改图层的打印样式。打印样式被设置为"随层"的对象将继承指定给其图层的打印样式。本书前面的 CAD 部分是以对象控制打印效果的,目的是在截图时清楚地看到各图线的线型、线宽。

在页面设置对话框中点选打印样式表下的一种样式("无"除外),再点样式后的 ▦(编辑…),弹出"打印样式编辑器"对话框(图 6.9),在对话框中可以对笔的多种特性进行编辑,常用的特性有颜色(C)、笔号(N)、线宽(W)等。

图 6.9 "打印样式表编辑器"编辑打印颜色、线宽等

3)在模型空间中打印图形

在模型空间中输出图形

页面设置完毕后就可以打印了。打印的命令调用方式有:单击菜单栏中的"文件→打印";快捷键"Ctrl+P";单击图标 🖨。执行命令后,弹出"打印"对话框(图 6.10),该对话框与"页面设置"对话框的设置相似。

单击"窗口(O)<",返回绘图屏幕,窗选要打印的图纸,返回"页面设置"对话框。

为了确保出图无误,打印预览是十分必要的。单击"预览(P)…"按钮,显示预览效果,如图 6.11 所示。

在视窗的任何位置右击鼠标,在右键菜单中可以选择打印(选择平移和缩放可以更仔细地观察线条、线型等是否满意),弹出"浏览打印文件"对话框,在"保存于"处选择文件保存位置,在"文件名"处输文件名如"立面图",单击"保存"保存 PDF 格式的图形。

如果计算机连接了打印机或绘图仪,可选择对应的打印机或绘图仪,直接打印图形。

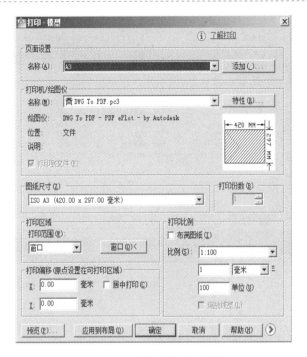

图6.10 "打印-模型"对话框

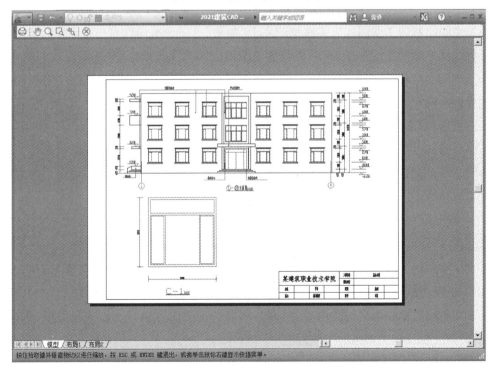

图6.11 打印预览

图 6.12　保存打印文件

任务 6.2　在图纸空间中布置并打印图形

图纸空间是二维图形环境,在图纸空间可以设置一系列的布局。在每一个布局上,可以安排模型空间绘制的平面图或三维模型的多个"快照"。一个布局代表一张虚拟的图纸,可以使用各种比例显示模型的视图,布局环境就是图纸空间。在图纸空间中,不仅可以打印输出二维和三维图形对象,还可以打印输出布局在模型空间中各个不同视角下产生的视图,或者将不同比例的两个以上的视图安排在一张图纸上。

大多数 AutoCAD 命令都能用于图纸空间,但在图纸空间建立的二维图形,在模型空间不能显示。在布局中可以根据需要建立一个或多个浮动视口,还可以添加图框、标题栏、文字注释等内容。每个视口都能以指定比例显示模型空间绘制的图形,还可以创建多个布局,每个布局都可以包含不同的打印设置和图纸尺寸。

①一个图形(文件)只有一个模型空间、一个图纸空间。

②在图纸空间可以有一个或多个布局,每个布局与输出的一张图样相对应。

③在模型空间进行的绘图、编辑、尺寸标注等工作可以反映在图纸空间(布局)中,在布局中添加的文字、图框、标注等信息,在模型空间不会出现。

④多个布局共享模型空间的信息,分别与不同的页面设置和打印样式相关联,实现输出效果的多样化,保证相关数据的一致性。

⑤点击绘图区下方的选项卡图标按钮 ◀ ◀ ▶ ▶▶ 模型 布局1 布局2 ,可以很方便地在模型空间和图纸空间的布局之间进行切换。

⑥在布局的一个视口内双击鼠标左键,进入视口,就可以对模型空间下创建的图形进行编辑。

6.2.1 任务描述与分析

1)任务描述

将不同比例的图形布置在一个布局中打印输出。即在模型空间按 1:1 绘制的正立面图和正立面图中的 C-1 窗,分别按出图比例为 1:100 和 1:20 布置在一个布局的两个视口中,插入 2.6 节绘制的 A3 图框(块),并在图纸空间中输出 PDF 格式图形,如图 6.13 所示。

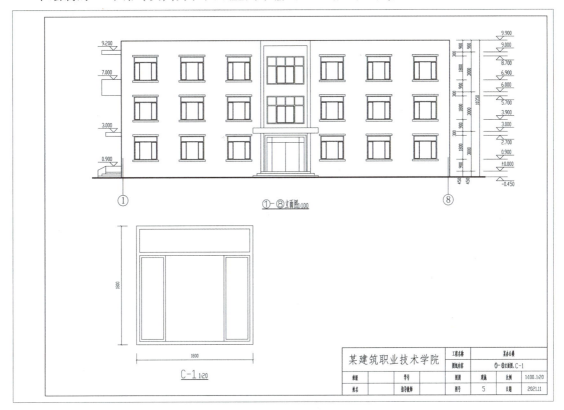

图 6.13 在图纸空间中输出图形

2)任务分析

①进行图纸空间的页面设置。

②在布局中创建单个视口"1:100",布置正立面图。

③创建单个视口"1:20"布置 C-1 窗,在图纸空间中对 C-1 用 1:1 的标注样式进行标注。

④按 1:1 的比例插入 2.6 节绘制的 A3 图框。

6.2.2 打印步骤与分析

1) 图纸空间的页面设置

单击"布局 1",界面切换到图纸空间。

右击"布局 1"选择"页面设置管理器(G)…"或单击文件下拉菜单的"页面设置管理器(G)…",弹出如图 6.14 所示的对话框。

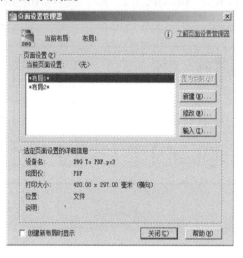

图 6.14 "页面设置管理器"对话框

单击"布局 1"→"修改",打开"页面设置-布局 1"的对话框。设置好的"布局 1"的页面设置如图 6.15 所示。

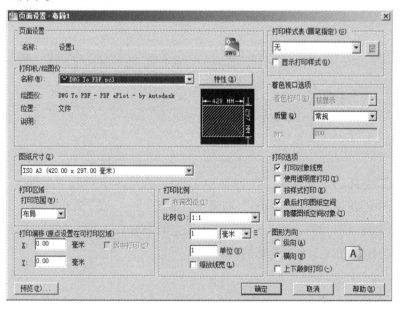

图 6.15 "布局 1"的页面设置

与在模型空间的设置相似,仍然选择打印机/绘图仪"DWG TO PDF. pc3"。如果直接打印,选择连接的打印机或绘图仪。选择图纸尺寸为"A3(420.00×297.00 毫米)";在"打印样式表"中选择打印样式"None"。

不同于模型空间页面设置的是,打印范围选"布局",打印比例为"1:1"。

单击"确定"按钮,退出页面设置对话框。

可以使用页面设置管理器将一个命名页面设置应用到多个布局,也可以从其他图形中输入命名页面设置并将其应用到当前图形的布局中。

2)在图纸空间中打印图形

(1)在"1:100"的视口中布置正立面图

在"布局1"中页面设置完成后,插入视口进行布图。布局空间会创建一个缺省的视口,删除系统自动创建的视口,重新定义视口。视口可通过"视口"工具栏来创建,如图 6.16 所示。

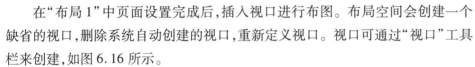

图 6.16 视口工具栏

①单击"视口"工具栏的 □ (单个视口),按命令行提示指定一点和对角点,拖出一个视口。

②单击视口边界,边界变虚,再单击视口工具栏右侧的比例下拉列表,选择"1:100"。

③双击视口内部一点,视口边界变为粗实线,此时该视口相当于将笔伸进了模型空间,可以对视口内的图形进行缩放、平移和修改等工作,直到出现正立面图。

④再次双击视口外部一点,视口边界变为细实线,此时视口内图形不可操作。单击视口边界,边界变虚,可以通过夹点调整边界的大小,通过移动命令改变视口的位置,并将视口边界的图层改为"Defpoints"(定义点),一般该图层不打印,所以尽管图中显示边界,也不会被打印,设置好的"1:100"的视口如图 6.17 所示。

⑤双击视口外侧一点,退出视口操作。

(2)在"1:20"的视口中布置"C-1"并标注

①再次单击"视口"工具栏的 □ (单个视口),拖出一个视口。

②单击视口边界,选择"1:20"。

③双击视口内部一点,对视口内的图形进行缩放、平移等,直到出现窗"C-1"。

④再次双击视口外部一点,视口边界变为细实线,单击视口边界,边界变虚,通过夹点调整边界的大小,通过移动命令改变视口的位置,并将视口边界的图层改为"Defpoints"(定义点)。

⑤双击视口外侧一点,退出视口操作。

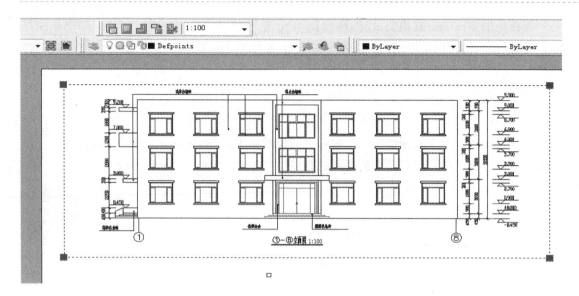

图 6.17 "1∶100"的视口

⑥用样式为"1"的尺寸标注样式("调整"项中的"使用全局比例为"1"")标注窗的尺寸。

⑦用"多行文字"命令写图名"C-1 1∶20","C-1"字高为 7;"1∶20"字高为 3.5。

⑧在"C-1 1∶20"下绘制多段线。

设置好的"1∶20"的视口如图 6.18 所示。

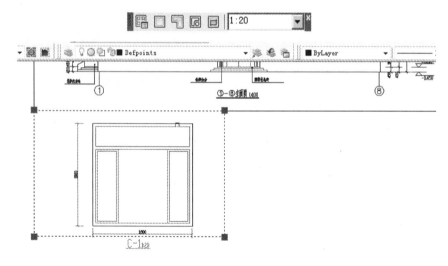

图 6.18 "1∶20"的视口

(3)插入"A3"图框

在图纸空间中插入图框,与在模型空间中插入图框的不同之处在于比例,图框"A3"块按 1∶1 插入,如图 6.19 所示。

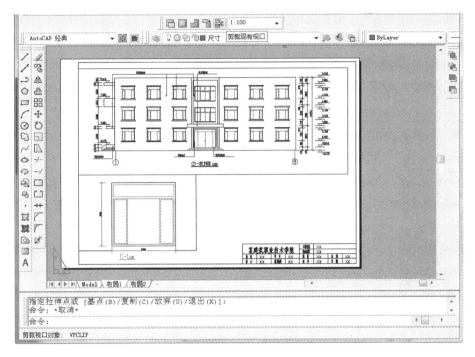

图 6.19　在图纸空间中插入图框

(4)打印预览与打印

布图完毕后即可打印。执行打印命令后,弹出"打印"对话框,该对话框的设置与模型空间的打印对话框相似,只是"打印范围"选择"布局","打印比例"为"1∶1",如图 6.20 所示。

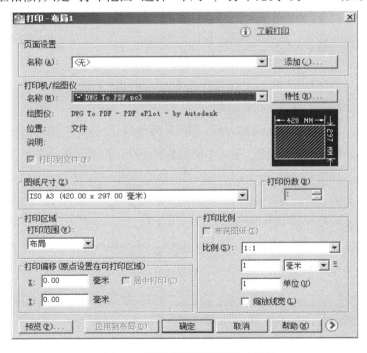

图 6.20　图纸空间的"打印"对话框

单击如图 6.21 所示的"预览",可见视口边界不打印。利用平移和缩放可以更仔细地观察线条、线型等是否满意,最后选择打印或退出。

单击"打印"保存图形。

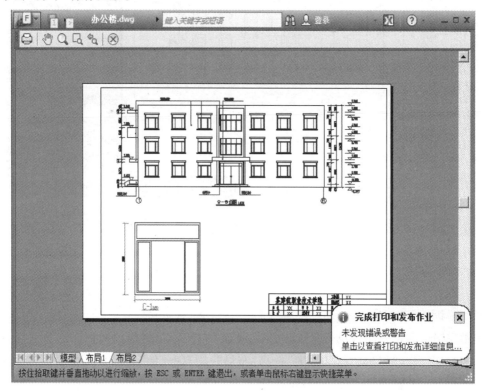

图 6.21　图纸空间的打印预览

技能训练

1.在模型空间中布置不同比例的图形,进行页面设置,并打印输出图形。

2.在图纸空间中进行页面设置,布局不同比例的图形,并打印输出图形。

附　录

附录Ⅰ　常用快捷键及其功能

快捷键	功　能	快捷键	功　能	快捷键	功　能
L	直线	E	删除	P	平移(视图)
A	绘圆弧	M	移动	Z	局部放大
B	定义块	O	偏移	Ctrl+0	全屏显示
C	绘圆	S	拉伸	Ctrl+1	对象特性管理器
D	标注样式	U	恢复上一次操作	Ctrl+S	保存文件
T	多行文字	F	倒圆角	Ctrl+N	新建文件
H	填充	X	分解	Ctrl+O	打开文件
I	插入	AR	阵列	Ctrl+P	打印文件
W	写块(文件)	TR	修剪	Ctrl+Z	撤销上一步操作
PL	多段线	EX	延伸	Ctrl+Y	重做撤销操作
ML	多线	CO	复制	Ctrl+C	复制
ME	定距等分	MI	镜像	Ctrl+V	粘贴
PO	点	SC	比例缩放	Ctrl+X	剪切
REC	矩形	RO	旋转	Ctrl+A	全选(All)
DLI	直线标注	PE	多段线编辑	F1	AutoCAD 帮助
DCO	连续标注	DI	查询距离	F2	打开文本窗口
DAL	对齐标注	AA	查询面积	F3	对象捕捉开关
DRA	半径标注	CHA	倒角	F8	正交开关
DDI	直径标注	MA	属性匹配	F10	极轴开关
DAN	角度标注	ST	文字样式	F11	对象跟踪开关
DS	设置极轴追踪	LA	图层操作	DEL 键	删除对象
OS	对象捕捉设置	OP	系统选项设置	ESC 键	中断操作

附录Ⅱ 某办公楼建筑施工图

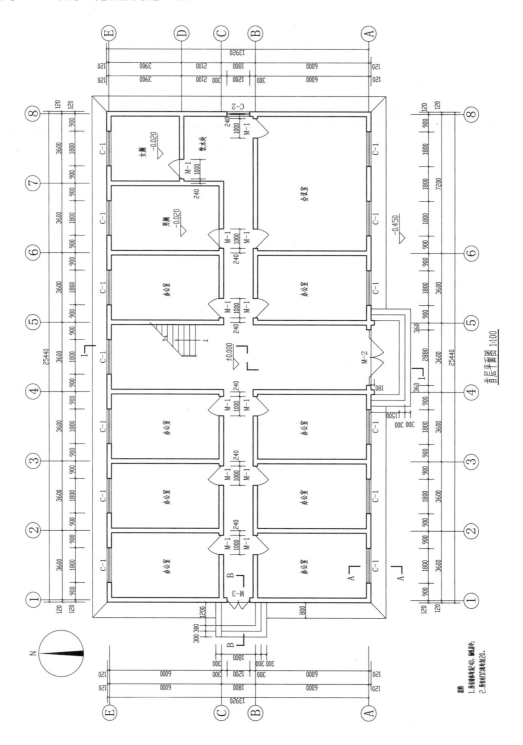

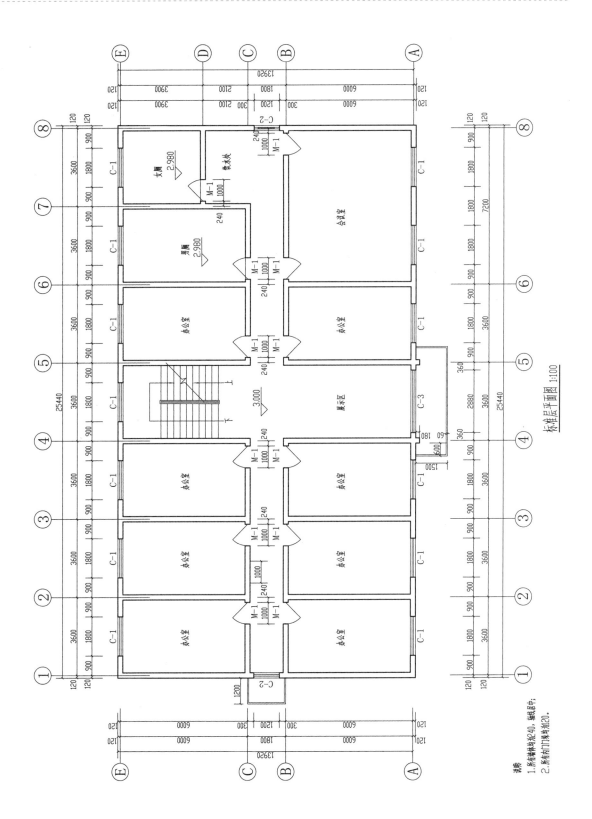

标准层平面图 1:100

说明:
1. 所有墙体均为240,轴线居中;
2. 所有窗台高均为900。

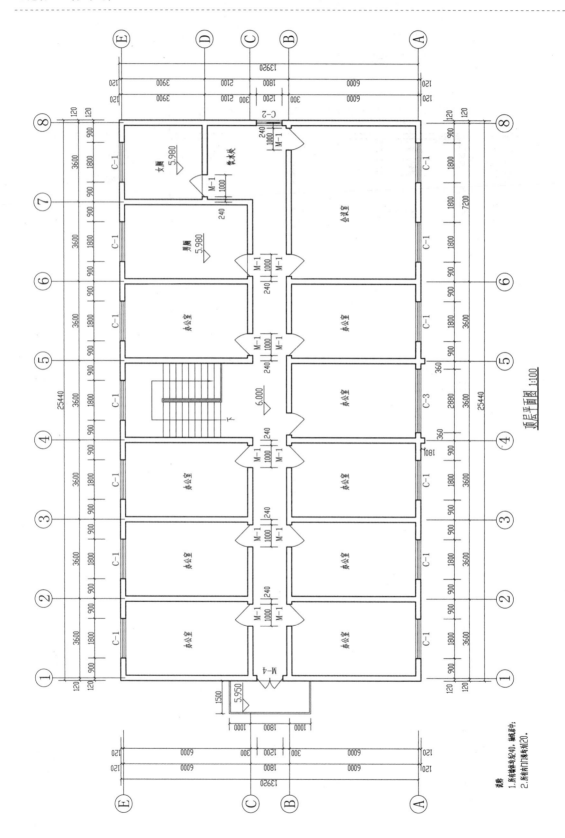

顶层平面图 1:100

说明:
1.所有墙体均为240, 轴线居中;
2.所有窗户洞口深均为120.

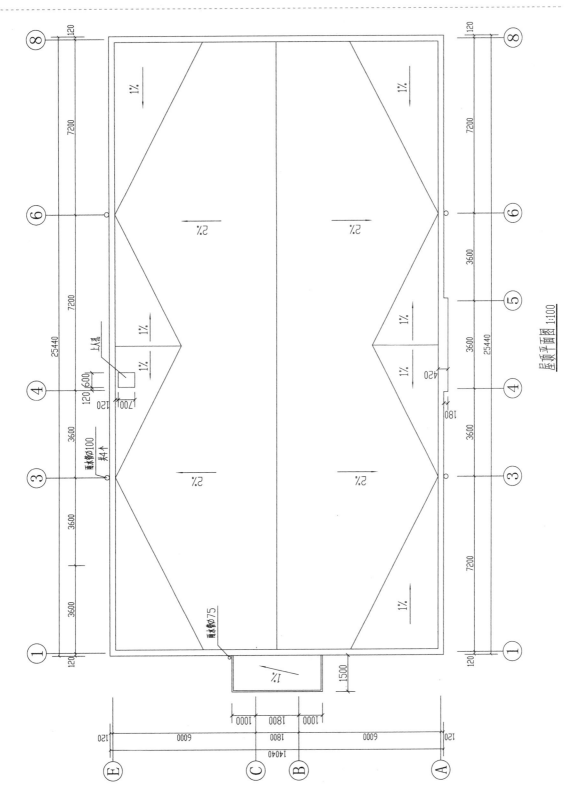

屋顶平面图 1:100

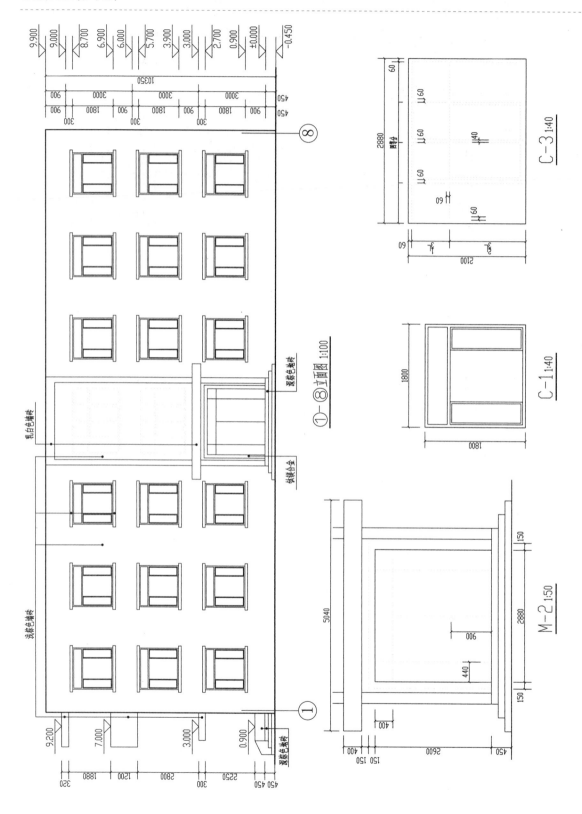

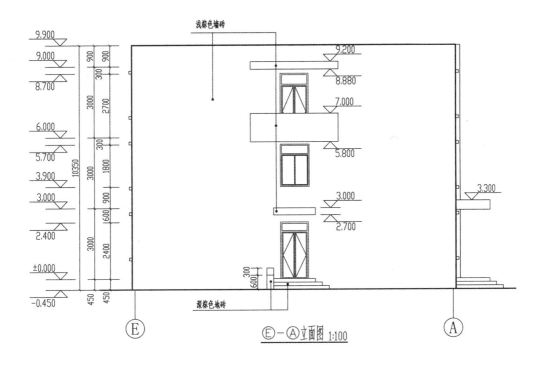

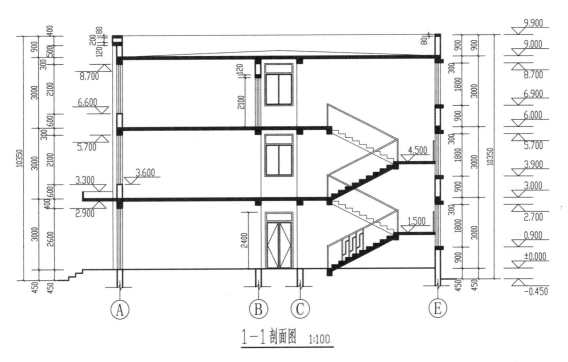

E—A立面图 1:100

1—1 剖面图 1:100

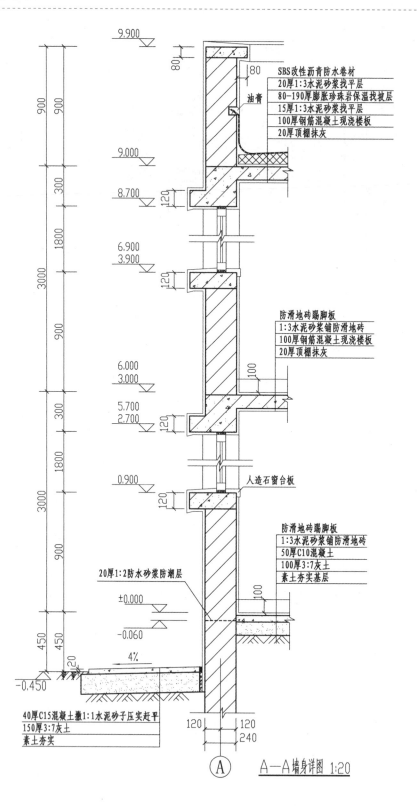

SBS改性沥青防水卷材
20厚1:3水泥砂浆找平层
80-190厚膨胀珍珠岩保温找坡层
15厚1:3水泥砂浆找平层
100厚钢筋混凝土现浇楼板
20厚顶棚抹灰

油膏

防滑地砖踢脚板
1:3水泥砂浆铺防滑地砖
100厚钢筋混凝土现浇楼板
20厚顶棚抹灰

人造石窗台板

防滑地砖踢脚板
1:3水泥砂浆铺防滑地砖
50厚C10混凝土
100厚3:7灰土
素土夯实基层

20厚1:2防水砂浆防潮层

4%

40厚C15混凝土撒1:1水泥砂子压实赶平
150厚3:7灰土
素土夯实

A—A墙身详图 1:20

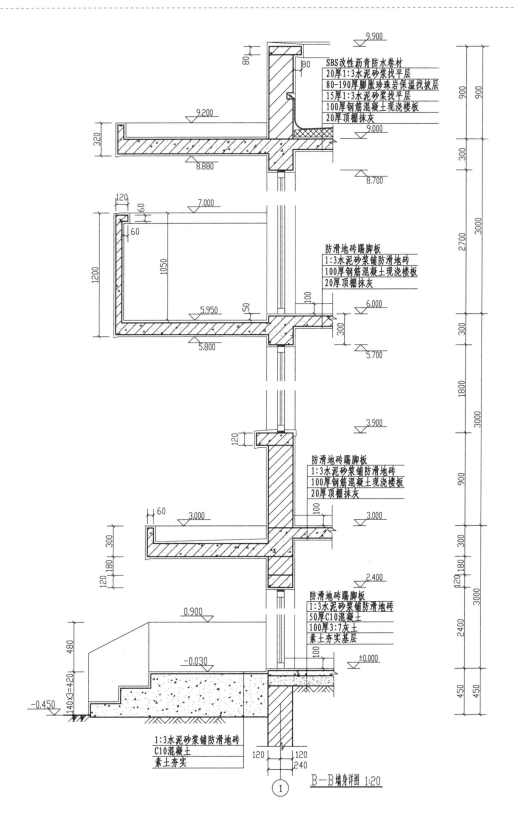

SBS改性沥青防水卷材
20厚1:3水泥砂浆找平层
80-190厚膨胀珍珠岩保温找坡层
15厚1:3水泥砂浆找平层
100厚钢筋混凝土现浇楼板
20厚顶棚抹灰

防滑地砖踢脚板
1:3水泥砂浆铺防滑地砖
100厚钢筋混凝土现浇楼板
20厚顶棚抹灰

防滑地砖踢脚板
1:3水泥砂浆铺防滑地砖
100厚钢筋混凝土现浇楼板
20厚顶棚抹灰

防滑地砖踢脚板
1:3水泥砂浆铺防滑地砖
50厚C10混凝土
100厚3:7灰土
素土夯实基层

1:3水泥砂浆铺防滑地砖
C10混凝土
素土夯实

B—B墙身详图 1:20

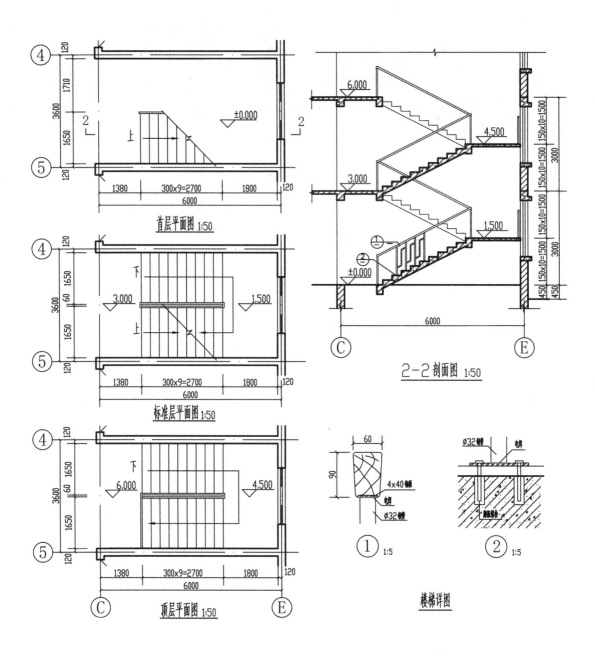

首层平面图 1:50

标准层平面图 1:50

顶层平面图 1:50

2-2 剖面图 1:50

楼梯详图

附录Ⅲ　某培训中心部分建筑图

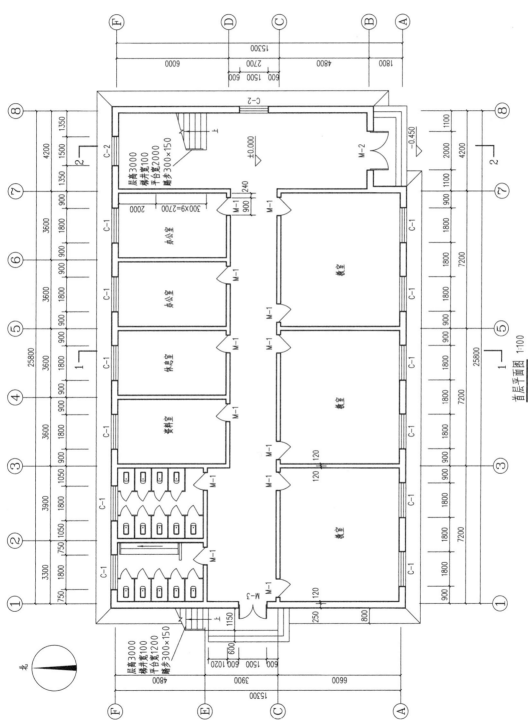

首层平面图 1:100

备注：图中未标注的门梁均为240；窗南1500，窗台南900；门南均为2400。

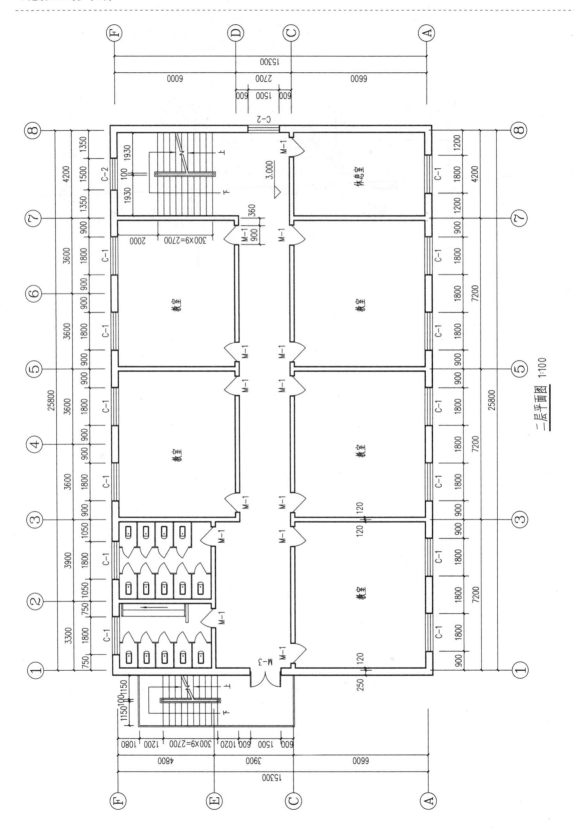

二层平面图 1:100

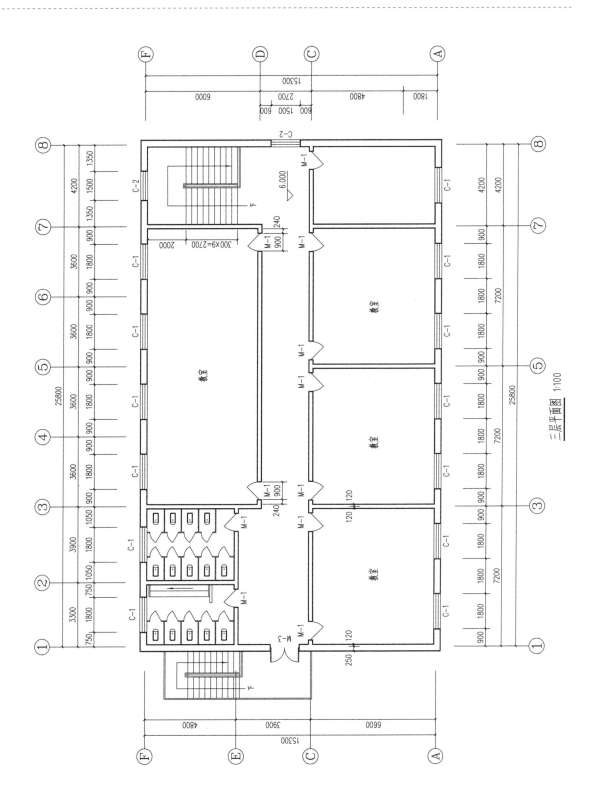

三层平面图 1:100

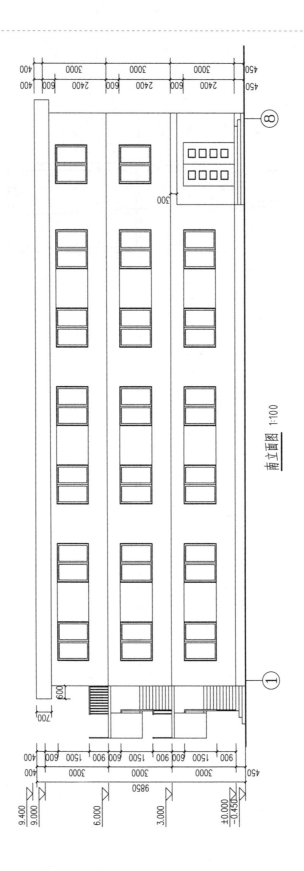

南立面图 1:100

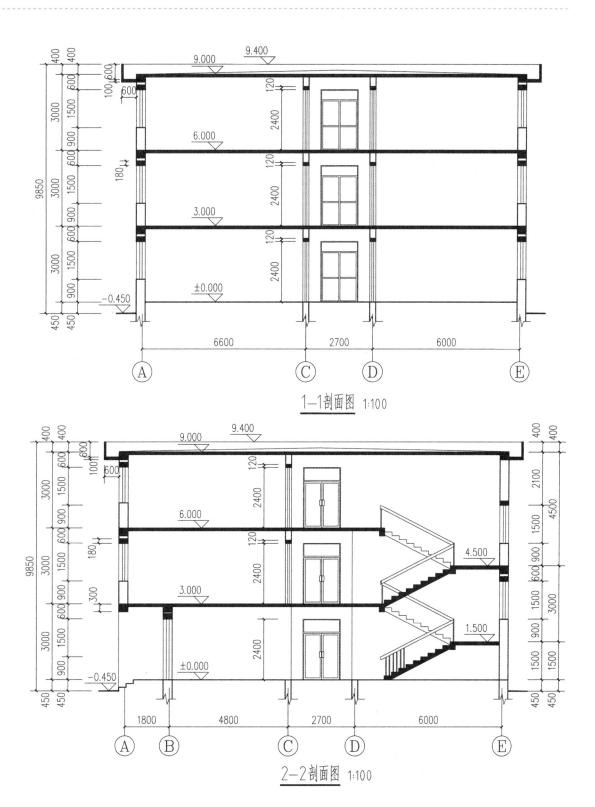

1—1剖面图 1:100

2—2剖面图 1:100

参考文献

[1] 中华人民共和国住房和城乡建设部. GB/T 50001—2017:房屋建筑制图统一标准[S].北京:中国建筑工业出版社,2017.

[2] 吴银桂,吴丽萍. 土木工程 CAD[M].3 版. 北京:高等教育出版社,2014.

[3] 巩宁平,陕晋军,邓美荣. 建筑 CAD[M].5 版. 北京:机械工业出版社,2019.

[4] 刘冬梅,等. 建筑 CAD[M].2 版. 北京:化学工业出版社,2016.